建筑施工组织与进度控制

主　编　刘　臣
副主编　王　月
参　编　翟　瑶　李一婷

北京理工大学出版社
BEIJING INSTITUTE OF TECHNOLOGY PRESS

内 容 提 要

　　本书全面系统地阐述了建筑工程施工组织与进度管理的理论、方法,并结合案例进行分析。全书共八章,主要内容包括建筑施工组织概论、建筑流水施工、网络计划技术基础、网络计划优化、单位工程施工组织设计、施工组织总设计、建筑施工项目管理组织、建筑施工目标管理等。其中,建筑施工目标管理包括建筑施工进度控制,建筑施工成本管理,建筑施工质量管理等内容。书中每章均附有内容提要、知识目标、能力目标、学习建议和复习思考题,方便学生学习和教师组织教学工作。

　　本书可作为高等院校土木工程类相关专业的教学用书,也可供工程管理人员和工程技术人员工作时参考使用。

图书在版编目(CIP)数据

建筑施工组织与进度控制 / 刘臣主编.—北京:北京理工大学出版社,2018.5
ISBN 978-7-5682-5719-0

Ⅰ.①建…　Ⅱ.①刘…　Ⅲ.①建筑工程—施工组织②建筑工程—施工进度计划　Ⅳ.①TU72

中国版本图书馆CIP数据核字(2018)第120332号

出版发行 / 北京理工大学出版社有限责任公司

社　　　址 / 北京市海淀区中关村南大街5号

邮　　　编 / 100081

电　　　话 / (010)68914775(总编室)
　　　　　　(010)82562903(教材售后服务热线)
　　　　　　(010)68948351(其他图书服务热线)

网　　　址 / http://www.bitpress.com.cn

经　　　销 / 全国各地新华书店

印　　　刷 / 北京紫瑞利印刷有限公司

开　　　本 / 787毫米×1092毫米　1/16

印　　　张 / 10.5　　　　　　　　　　　　　　　　　　　责任编辑 / 封　雪

字　　　数 / 222千字　　　　　　　　　　　　　　　　　　文案编辑 / 封　雪

版　　　次 / 2018年5月第1版　2018年5月第1次印刷　　　责任校对 / 周瑞红

定　　　价 / 48.00元　　　　　　　　　　　　　　　　　　责任印制 / 边心超

前　言

本书根据高等院校土建类专业人才培养目标，以施工员、监理员等职业岗位能力的培养为导向，以建筑工程施工组织设计为主线，介绍了建筑施工组织概论、建筑流水施工、网络计划技术基础、网络计划优化、单位工程施工组织设计、施工组织总设计、建筑施工项目管理组织和建筑施工目标管理等内容，突出"应用为目的，适用为度"的指导思想。建筑施工组织是研究在社会主义市场经济条件下，工程建设统筹安排的客观规律的一门应用型学科。现代建筑施工过程已是一项十分复杂的系统工程。一个大型建设项目的建筑施工，不但要组织各专业齐全的工人队伍和数量众多的施工机械、设备，还要在一个特定的时间和空间条件下，有条不紊地进行建筑产品的建造；组织建筑材料、制品和构配件的生产、运输和供应工作；组织施工机具的供应、维修和保养；组织建设临时供水、供电、供热，以及安排生产、生活所需的各种临时建筑物等。一个大型项目投资额可达数亿，甚至数十亿、上百亿人民币，建设周期达几年、十几年甚至更长时间，这就给工程的组织协调带来一定难度。因此，做好工程建设项目的施工组织具有十分重要的意义。

本书的编写遵循了高等院校学生的认知规律，结合产教结合的人才培养模式，注重学生专业知识和专业技能的培养，侧重培养学生的学习能力、动手操作能力以及创新思维能力。建筑施工组织研究的对象是研究最有效地建造建筑物（构筑物）和建筑物群（构筑物群）的理论和施工规律，力求以最小的消耗取得最大的效益，全面高效地完成建筑工程，以保证建设项目迅速建成使用。

本书由刘臣担任主编，由王月担任副主编，翟瑶、李一婷参与了本书部分章节的编写工作。具体编写分工为：第一章、第二章、第五章由刘臣编写，第三章、第四章由王月编写，第六章由翟瑶编写，第七章、第八章由李一婷编写。另外，书中部分插图由刘臣、李一婷完成。

本书在编写过程中参考了大量相关教材与著作，在此向作者表示衷心的感谢。由于篇幅较大，涉及内容较多，加之编者学识和经验有限，书中可能存在疏漏或不妥之处，敬请读者与同行批评指正。

编　者

目 录

第一章　建筑施工组织概论

内容提要

　　现代化的建筑工程施工是一项多工种、多专业的复杂的系统工程。在一个建筑工地上进行建筑生产，要有各种建筑材料、施工机具和具有一定生产经验及劳动技能的劳动者；要遵照建筑生产规律，遵守生产的技术规范以及技术文件的规定。如何将劳动者、材料、机具在空间上按照一定的位置，时间上按照一定的顺序，数量上按一定的比例有机地组织起来，实行统一的指挥，以期达到预期的目标，是建筑施工组织和管理的核心问题。建筑施工组织对统筹建筑施工全过程、促进技术进步、实现安全文明施工、增强企业竞争能力、促进建筑业的发展起着关键的作用。

　　本章介绍了建筑产品的特点及其施工特点；施工组织设计的概念作用及编制原则；施工组织的分类。通过学习本章的内容，明确施工组织设计的任务与作用。

知识目标

1. 了解建设项目的组成。
2. 掌握基本建设程序、施工程序。

能力目标

1. 熟悉建设项目的含义。
2. 熟悉建设项目的建设程序及施工程序。

学习建议

1. 熟悉有关标准、规范和法规。
2. 掌握施工组织设计的概念、作用、分类。

第一节　本课程研究的对象和任务

一、建筑施工组织的研究对象

建筑施工组织是研究工程建设的统筹安排与系统管理的客观规律的一门学科。它以一定的生产关系为前提，以施工技术为基础，着重研究一个或几个建筑产品生产过程中各生产要素之间合理的组织问题。

目前，由于信息社会的发展，建筑技术与信息技术的相互渗透结合而产生了新的建筑类型——智能建筑。它为人们提供了一个高效舒适的建筑环境，它将成为21世纪建筑发展的主流。

建筑施工组织所面对的施工项目是具有不同智能标准的现代化的建筑物，这些建筑物无论在高度上、基础深度上还是跨度上都是以往任何年代的建筑所无法比拟的，这就要求在质量上严格按照施工质量验收规范的要求，高效、优质施工；在安全施工上有严格的安全措施和消防措施；在环境保护、文明施工上要求无污染，无噪声，无公害，工地文明、整洁等。这给施工组织带来了广泛的研究内容，提出了许多新的要求。

二、建筑施工组织的任务

建筑施工组织的任务是指在施工前及施工中从人力、资金、材料、机械和施工方法上科学合理地计划安排生产诸要素，选择施工方案，指挥和协调劳动资源等，以实现有组织、有计划、有秩序的施工，使其在整个工程施工上达到工期短、质量好、成本低、迅速发挥投资效益的相对的最优效果。

现代建筑工程的施工可以有不同的施工顺序，是许许多多施工过程的组合体，而每一施工过程又可以采用不同的施工方法和机械来完成；每一种构件可以采用不同的生产方式、运输方式和工具；现场施工机械、材料、临时设施和水电线路等可以有不同的布置方案；即使是同一种工程，由于施工速度、气候条件及其他因素的原因，所采用的施工方法也不同。施工组织要善于结合建筑工程的性质和规模、工期的长短、工人的数量、机械装备程度、材料供应情况、构件生产方式、运输条件等各种技术经济条件，从经济和技术统一的全局出发，从许多可能的方案中选定最趋于合理的方案，从而提高工程质量、缩短施工工期、减少资源消耗、降低工程成本、实现安全文明施工。做到人尽其力、物尽其用，优质、低耗、高速度地取得最好的经济效益和社会效益。

通过本课程的学习，要求学生了解建筑施工组织的基本知识和一般规律，掌握建筑工程流水施工和网络计划的基本方法，具有初步编制单位工程施工组织设计的能力，为今后从事建筑施工组织工作打下坚实的基础。

内容广泛和实践性强是本课程的一大特点。它与建筑施工技术、建筑工程定额与预算、建筑企业管理等课程有密切的关系。学习本课程必须注意理论联系实际，除掌握基本理论外，还必须十分重视实践经验的积累。

第二节　基本建设项目和程序

一、基本建设的概念

基本建设是固定资产的建设，是指国民经济各部门、各单位建造、购置和安装固定资产的一项综合性的经济活动以及与此有关的其他工作。而建筑施工则是完成基本建设工程任务的重要步骤之一。

二、基本建设项目及其组成

基本建设项目，可简称为建设项目。凡是按一个总体设计组织施工，建成后具有完整的系统，且可以独立地形成生产能力或使用价值的建设工程，称为一个建设项目。在工业建设中，一般以拟建厂矿企业单位为一个建设项目，如一个钢铁厂、一个化工厂等。在民用建设中，一般以拟建机关事业单位为一个建设项目，如一所学校、一所医院等。对大型分期建设的工程，分为几个总体设计，就有几个建设项目。进行基本建设的企业或事业单位称为建设单位。建设单位是在行政上独立的组织，独立进行经济核算，可以直接与其他单位建立经济往来关系。

基本建设项目可以从不同的角度进行划分。按建设项目的用途可分为生产性建设项目（包括工业、农田水利、交通运输及邮电、商业和物质供应、地质资源勘探等建设项目）和非生产性建设项目（包括住宅、文教、卫生、公用生活服务事业等建设项目）；按建设项目的规模大小可分为大型、中型、小型建设项目；按建设项目的性质可分为新建、扩建、改建、恢复和迁建项目；按建设项目的投资主体可分为国家投资、地方政府投资、企业投资、合资企业以及各类投资主体联合投资的建设项目。

一个建设项目，按照国家《建筑工程施工质量验收统一标准》(GB 50300—2013)的规定，可分为单位工程、分部工程和分项工程。

(1)单位工程。凡具备独立施工条件并能形成独立使用功能的建筑物及构筑物，称为一个单位工程。单位工程是工程建设项目的组成部分。一个工程建设项目可由一个单位工程组成，也可由若干个单位工程组成。从施工的角度看，单位工程就是一个独立的交工系统，在工程建设项目总体施工部署和管理目标的指导下，形成自身的项目管理方案和目标，按其投资和质量的要求，如期建成交付生产和使用。对于建设规模较大的单位工程，还可将其能形成独立使用功能的部分划分为若干子单位工程。如工业建设项目中各个独立的生产车间、实验大楼、办公楼、食堂、住宅等；民用建设项目中如学校的教学楼、宿舍楼、图书馆等，都可以称为一个单位工程。其内容包括建筑工程、设备安装工程以及设备、工具、仪器的购置等。

(2)分部工程。分部工程是建筑物按单位工程的部位、专业性质划分的，即单位工程的进一步分解。一般工业与民用建筑工程可划分为地基与基础工程、主体结构工程、建筑装饰装修工程、建筑屋面工程等几部分，其相应的建筑设备安装工程由建筑给水排水及采暖工程、建筑电气工程、智能建筑工程、通风与空调工程、电梯工程等组成。

当分部工程较大或较复杂时，可按材料种类、施工特点、施工程序、专业系统及类别等划分为若干子分部工程。

（3）分项工程。分项工程是分部工程的组成部分，一般是按主要工种、材料、施工工艺、设备类别等进行划分。如钢筋工程、模板工程、混凝土工程、砌体工程、木门窗制作与安装工程等。分项工程是建筑施工生产活动的基础，也是计量工程用工用料和机械台班消耗的基本单元，同时，又是工程质量形成的直接过程。分项工程既有其作业活动的独立性，又有相互联系、相互制约的整体性。

三、基本建设程序

基本建设程序是基本建设项目在整个建设过程中必须遵循的先后顺序，它是一种客观规律，是几十年来我国基本建设工作实践经验的科学总结，是客观存在的自然规律和经济规律的正确反映，反映了整个建设过程中各项工作必须遵循的先后次序。

基本建设涉及面很广，内外协作配合的环节很多，完成一项建设工程，需要进行多方面的工作，其中有些是前后衔接的，有些是左右配合的，有些是相互交叉的。这些工作必须按照一定的程序，依次进行，才能达到预期的效果。

实践证明，基本建设程序一般可划分为决策、设计、实施、竣工验收四个阶段。

（1）决策阶段。决策阶段是根据国民经济长、中期发展规划确定基本建设项目，进行建设项目的可行性研究，确定建设地点和规模，编制建设项目的计划任务书（又称设计任务书）。其主要工作包括调查研究，经济论证，选择与确定建设项目的地址、规模和时间要求等。

1）进行可行性研究：可行性研究是项目建设前期的重要内容，是运用多种科学研究的成果对建设项目投资决策前进行技术经济论证，以保证实现项目最佳经济效益，使建设项目的确定具有切实的科学性。我国从 20 世纪 80 年代起已将可行性研究列入基本建设程序，并作为基本建设程序的首要环节。

可行性研究是根据国民经济发展的长远规划和地区、行业规划要求，结合自然和资源条件，对拟建项目的一些主要问题进行调查研究和综合论证，并对该项目建成后可能取得的技术经济效果进行预测，从而提出该项目是否值得投资和如何进行建设的意见，为项目决策提供可靠的依据。

可行性研究的主要内容是研究为何要建设这个项目，该项目在技术上是否先进、适用、可行；在经济上是否合理、能否盈利，需要多少资源、多少时间和多少投资；怎样筹集资金；经济效益是否显著；预计成功的把握有多大等。在对这些问题进行了调查研究和综合论证后，即可作出可行性研究报告，得出明确的结论，作为投资决策机构判断拟建项目是否可行的依据。经批准的可行性研究报告是编制计划任务书的依据。

2)编制计划任务书(又称设计任务书):计划任务书是工程建设的大纲,是确定建设项目和建设方案的基本文件,是对可行性研究得出的结论再进行深入的研究,是确定拟建项目的规模、地址、布置和建设时间等的重要文件。编制计划任务书时,要进一步分析项目的利弊得失,落实各项建设条件,审核各项技术经济指标,选择和确定建设地址。

3)建设地点选择:建设地点的选择,直接反映城市的国民经济、教育和科学技术的发展与合理布局,涉及面广,与各部门都有密切的联系。场地选择得当,有利建设,会促进所在地区的经济繁荣和城市面貌的改善。因此,建设场地的选择是一项政策性很强的工作,应考虑到城市总体规划,土地的合理利用,环境保护的要求,以及人员生活条件,交通运输和建设项目本身的使用要求等。

选择建设地址主要应考虑三个问题:一是工程、水文地质等自然条件是否可靠;二是建设时所需要的水、电、运输条件等是否落实;三是投产后的原材料、燃料等是否具备。经批准的计划任务书是设计单位着手设计的依据。

(2)设计阶段。设计阶段主要根据批准的计划任务书,进行勘察设计,编制设计概算,经批准后做好建设准备,安排建设计划。其主要工作包括工程地质勘察,进行初步设计、技术设计(或扩大初步设计)和施工图设计,编制设计概算,设备订货,征地拆迁,编制分年度的投资及项目建设计划等。

1)编制设计文件:设计文件是指工程图及说明书,它一般由建设单位通过招标或直接委托设计单位编制,是安排建设项目和建筑施工的主要依据。编制设计文件时,应根据批准的可行性研究报告和计划任务书,将建设项目的要求逐步具体为可用于指导建筑施工的工程图样及其说明书。为了有次序、有步骤地开展工作,设计一般分阶段进行,对一般不太复杂的中小型项目多采用两阶段设计,即扩大初步设计(或称扩初设计)和施工图设计;对重要的、复杂的、大型的项目,经主管部门指定,可采用三阶段设计,即初步设计、技术设计和施工图设计。

初步设计是对批准的计划任务书所提出的内容进行概略的设计,作出初步的规定(大型、复杂的项目,还需绘制建筑透视图或制作建筑模型)。技术设计是在初步设计的基础上,进一步确定建筑、结构、设备等的技术要求。施工图设计是在前一阶段的基础上进一步形象化、具体化、明确化,把工程和设备的各个组成部分的尺寸、布置和主要施工方法以图样及文字的形式加以确定,完成建筑、结构、水、电、气、工业管道等全部施工图样,工程说明书,结构计算书以及施工图设计概(预)算等。

2)建设准备:为了保证施工的顺利进行,必须做好各项建设准备工作。建设项目设计任务书一经批准,建设准备工作就摆到最主要的位置上来。大中型建设项目,建设主管部门可根据计划要求的建设进度和工作的实际情况,指定一个单位,组成机构负责建设准备工作。

建设准备的主要内容是：工程地质勘察，收集设计基础资料，组织设计文件的编审，提出资源申请计划，组织大型专用设备预安排和特殊材料预订货，办理征地拆迁手续，落实水、电、气源、交通运输，组织施工招标，择优选定施工单位等。

3)建设计划安排：建设项目，必须有经过批准的初步设计和总概算，进行综合平衡后，才能列入年度计划。建设项目列入年度计划是取得建设贷款或拨款和进行建设准备工作的主要依据。

所有建设项目，都必须纳入国家计划。大中型项目由国家批准，小型项目按隶属关系，在国家批准的投资总额内，由省、市、自治区各主管部门自行安排。用自筹资金安排的项目，要在国家确定的控制指标内编制计划。

在安排年度建设计划时，必须按照量力而行的原则，根据批准的工期和总概算，结合当年落实的投资、材料、设备，合理安排年度投资计划，使其与中长期计划相适应，保证建设的节奏性和连续性。

(3)实施阶段。实施阶段是根据设计图样，进行建筑安装施工，做好生产准备。

1)建筑施工：建筑施工是基本建设程序中的一个重要环节，关系着建设项目能否按计划完成，能否迅速发挥投资效果的问题。要做到计划、设计、施工三个环节互相衔接；要做到投资、工程内容、施工图样、设备和材料、施工力量五个方面的落实，以保证建设计划的全面完成。施工前要认真做好图样会审工作，编制施工图预算和施工组织设计，明确投资、进度、质量的控制要求。施工中要严格按照施工图施工，如须变动应取得设计单位同意；要坚持合理的施工程序和顺序；要严格执行施工验收规范，确保工程质量。对质量不合格的工程要及时采取措施，不留隐患。不合格的工程不得交工。施工单位必须按合同规定的内容全面完成施工任务，不留尾巴，须达到验收标准。

2)生产准备：生产准备工作是指建设项目在投产前为竣工后能及时投产所做的全部生产准备工作。建设单位在整个建设过程中，要有计划、有步骤地一面抓好工程建设，一面做好建设项目的使用(或生产)准备。工业建设项目在投产前的准备工作主要有：招收和培训生产职工，组织生产人员参加设备的安装、调试和工程验收，使其掌握生产技术和工艺流程；组织好生产指挥管理机构，制定管理的规章制度，收集生产技术资料和产品样本等；落实生产所需的原材料、燃料、水、电、气等的来源和其他协作配合条件；组织生产所需要的工具、器具、备品、备件等的购置或制造。

(4)竣工验收。建设项目的竣工验收是建设全过程的最后一个环节。它是建设投资成果转入生产或使用的标志，是全面考核基本建设工作，检验设计和工程质量的重要环节。按批准的设计文件和合同规定的内容建成的工程项目，其中生产性项目经负荷试运转和试生产合格，并能够生产合格的产品；非生产性项目符合设计要求，能够正常使用的，都要及时组织验收，办理移交固定资产手续。

竣工验收前，必须办理交工验收手续。建设单位要组织设计、施工、监理等单位进行初验，向主管部门提交竣工验收报告，绘制竣工图，整理好系统技术资料并移交存档。经验收合格后，施工单位向建设单位办理竣工结算，报上级主管部门审查，并向建设单位办理工程移交。

工程建成验收后交付使用，并按合同规定时间进行保修，至此，基本建设工作才算完成。实践证明，我国现行关于基本建设程序的规定，基本上反映了基本建设的客观规律。基本建设各项工作的先后顺序，一般不能违背与颠倒，但在具体工作中也有相互交叉平行作业的情况。

第三节　建筑施工程序

建筑施工程序是拟建工程项目在整个施工过程中必须遵循的客观规律，它是多年来施工实践经验的总结，反映了整个施工阶段必须遵循的先后次序。坚持按施工程序组织施工是加快施工速度、保证工程质量和降低施工成本的重要手段。

基本建设项目审批程序

施工程序包括承接施工任务、签订工程承包合同、做好施工准备、组织施工、竣工验收等几个阶段。

一、承接施工任务、签订施工合同

施工企业承接施工任务的方式，从由上级主管部门统一接受任务，然后根据施工任务的特点和企业的生产能力，按计划下达给下属施工企业，改变为一律由具有施工资质的企业自行参加建设工程的投标，中标后承接施工任务。

施工单位在签订工程施工合同前，都要检查其施工项目是否有批准的正式文件，是否列入基本建设年度计划，是否落实投资等。

承接施工任务后，建设单位与施工单位应根据有关规定及要求签订施工合同。施工合同中，合同双方的权利和义务应是平等互利的，文字表达应准确、具体，措辞不能含糊。施工合同经双方负责人签字后具有法律效力，必须共同遵守。

施工合同应规定承包的内容、要求、工期、质量、造价及材料供应等，明确合同双方应承担的义务和职责以及应完成的施工准备工作（如土地征购，申请施工用地、施工开工证，拆除障碍物，接通场外水源、电源、道路等内容）。

二、施工准备

签订施工合同后，施工单位应全面展开施工准备工作。每项工程开工前都必须安排合理的施工准备期。施工准备工作的基本任务是掌握建设工程的特点、施工进度和工程质量要求；了解施工的客观条件，合理布置施工力量，从技术、物资、劳动力和组织安排等多方面为建筑施工的顺利进行创造一切必要条件。认真细致地做好施工准备工作，对充分发挥劳动资源的潜力，合理安排施工进度，提高工程质量和降低工程成本都起着很重要的作用。

根据施工组织总设计的规划，对首批施工的各单位工程，应抓紧落实各项施工准备工作。如图样会审，编制单位工程施工组织设计，落实劳动力、材料、构件、施工机具及现场"三通一平"等。具备开工条件后，提出开工报告并经审查批准，即可正式开工。

施工准备工作不仅在工程开工前是必要的，更重要的是应贯穿于整个施工的全过程。随着工程的逐步展开，在每一个施工阶段，每一个分部工程施工期间都要为后续施工阶段做好准备，以保证施工能连续、顺利地进行。

三、组织施工

组织施工在整个施工过程中占有极为重要的地位，因为只有通过合理的组织施工，才能形成高质量的建筑产品。要把一个施工现场的许多单位组织起来，有节奏地、均衡地进行施工，使其达到工期短、质量好、成本低的效果，这是一个很复杂的问题。为了达到既定的目标，应从整个施工现场的全局出发，按照施工组织设计精心组织施工，加强各单位、各部门的配合与协作，协调解决各方面问题，使施工工作能顺利开展。

在施工过程中，应加强技术、材料、质量、安全、进度等各项管理工作，落实施工单位内部承包的经济责任制，全面做好各项经济核算与管理工作，严格执行各项技术、质量检验制度，抓紧工程收尾和竣工。

四、竣工验收

竣工验收是施工的最后阶段。在交工验收前，施工单位内部应先进行预验收，检查各分部分项工程的施工质量，整理各项交工验收的技术经济资料。在此基础上，严格按照国家有关施工验收规范，由建设单位组织竣工验收。

(1)隐蔽工程验收。隐蔽工程是指在施工过程中某些工作内容的工作成果会被下一个工程项目的施工所掩盖，而无法再进行复查的分项工程。例如，混凝土工程中的钢筋工程、基础工程和打桩工程等。这类工程应在下一个项目施工之前，由工程负责人会同建设单位、监理等单位共同对其检查和验收，验收合格后，认真办理隐蔽工程验收的各项手续，并整理归档作为竣工验收的一部分。隐蔽工程验收是保证工程质量、防止隐患的重要手段。

(2)分部分项工程验收。单位工程中重要的、特殊的分部分项工程，以及采用新技术、新材料、新工艺的工程完工后，应由施工单位会同有关单位进行验收。

(3)竣工验收。整个建设项目完工后，由建设单位组织初验，认为合格后，向主管部门提出报告，请示国家验收。已验过的单项工程可不再验(工业项目要进行试车检验)。

验收合格后，在交工验收机构的主持下，甲、乙双方签署交工验收证书。对未完的尾项及需要返工、修补的工程，由交工验收机构确定完工期限，在交工验收的附件中加以说明，施工单位要按期完成。最后，施工单位要整理好全部的验收资料，装订成册，交给建设单位存档，同时双方按合同办理结算手续。至此，除注明保修等工程外，双方合同关系即可解除。

第四节　施工组织设计概述

创造一定的生产条件是一切生产活动能够顺利进行的基础。建筑产品因受其生产特点的影响,目前只能根据不同施工对象的具体条件和要求,在每一个工程施工前编制施工组织设计以指导施工顺利进行。

施工组织设计是规划和指导拟建工程的投标、签订承包合同、施工准备到竣工验收全过程的一个综合性的技术经济文件。它是沟通工程设计和施工之间的桥梁,规划部署施工生产活动,制订先进合理的施工方案和技术组织措施。施工组织设计既要体现拟建工程的设计和使用要求,又要符合建筑施工的客观规律,是对施工全过程的战略部署和战术安排。

一、施工组织设计的作用和任务

1. 施工组织设计的作用

(1)施工组织设计是投标书的组成内容,用来指导工程投标、签订承包合同。

(2)施工组织设计是总包单位进行分包招标和分包单位编制投标书的重要依据。

(3)施工组织设计是施工准备工作的重要组成部分,又是及时做好各项施工准备工作,保证劳动力和各种资源的供应和使用的主要依据和重要保证。

(4)施工组织设计是实现基本建设计划的要求,按科学规律组织施工,建立正常的施工程序,有计划地开展各项施工过程,对施工过程实行科学管理的重要手段。

(5)施工组织设计可使领导和职工对生产活动心中有数,主动调整施工中的薄弱环节,及时处理可能出现的问题,从而保证施工的顺利进行。

(6)施工组织设计是协调各施工单位之间、各工种之间、各种资源之间以及空间布置与时间安排之间的关系的有效措施。

(7)施工组织设计是检查工程施工进度、质量、投资(成本)三大目标的依据。对于保证施工顺利进行,按期、按质、按量完成施工任务,取得更好的施工经济效益等,都将起到重要的、积极的作用。

2. 施工组织设计的任务

施工组织设计的任务是根据国家对建设项目的工期要求,在具体工程项目施工中,正确贯彻国家的方针、政策、法规、规程和规范;确定开工前必须完成的各项准备工作;从施工的全局出发,做好施工部署,确定施工方案,选择施工方法和施工机械;合理安排施工程序和顺序,确定施工进度计划,确保工程按要求工期完成;计算劳动力、材料、机械设备等的资源需用量,以便及时组织供应,降低施工成本;综合考虑并合理规划和布置施工现场平面图;提出切实可行的技术、质量和安全保证措施。

二、施工组织设计的内容和分类

建筑工程施工组织设计可以根据编制时间和编制对象的不同来划分。根据编制时间的不同可分为投标前编制的施工组织设计和中标后、施工前编制的施工组织设计。

1. 投标前编制的施工组织设计

投标前编制的施工组织设计是为了满足编制投标书和签订合同的需要而编制的,它必须对招标书所要求的内容进行筹划和决策,并附入投标文件中。其内容包括工程概况、施工方案、施工进度计划、主要技术组织措施和其他有关招标文件所要求的内容。

2. 中标后、施工前编制的施工组织设计

中标后、施工前编制的施工组织设计是为了满足施工项目准备和实施的需要。其根据工程规模的大小、结构特点、技术繁简程度和施工条件的差异可分为施工组织总设计、单位工程施工组织设计和分部分项工程施工设计三类。

(1)施工组织总设计:施工组织总设计是根据已经批准的初步设计或扩大初步设计编制的,是以整个建设项目或建筑群体为组织施工对象而编制的全面规划施工全过程各项活动的技术、经济的全局性、控制性文件。其目的是对整个工程的施工进行战略部署,用以指导施工单位进行全场性的施工准备和有计划地调整施工力量,开展施工活动。其涉及范围较广,内容比较广阔。

施工组织总设计的作用是确定拟建工程的施工期限、施工顺序、主要施工方法及各临时设施及现场总的施工部署,是指导整个施工全过程的组织、技术、经济的综合设计文件。它也是修建全工地临设工程、进行施工准备和施工单位编制年度施工计划和单位工程施工组织设计的依据。

施工组织总设计一般由该工程的总承建单位牵头,由建设单位、设计单位及分包单位共同协助参加编制。

施工组织总设计的主要内容包括工程概况,施工部署与施工方案,施工总进度计划,施工准备工作及各项资源需要量计划,主要技术组织措施及主要技术经济指标,施工总平面图等。

(2)单位工程施工组织设计:单位工程施工组织设计是在工程已列入年度计划,进行施工图设计后,以单位工程(一个建筑物或构筑物)作为组织施工对象而编制的,是用来指导施工全过程各项活动的技术、经济的局部性、指导性文件。其目的是为各单位工程的施工作出具体安排,并直接组织单位工程的施工。它是拟建工程施工的战术安排,是施工单位年度施工计划和施工组织总设计的具体化,内容更详细。

单位工程施工组织设计的作用是在施工组织总设计和施工单位总体施工部署的指导下,具体地安排人力、物力,使它成为施工单位编制作业计划和制定季度(年度)施工计划的重要依据,是单位工程施工全过程的组织、技术、经济的指导文件,并作为编制月、季、旬施工计划和分部分项工程施工设计的依据。

单位工程施工组织设计是在施工图会审后，按照谁执行谁编制的原则，一般由工程项目主管工程师负责编制。这是因为负责项目施工的承包单位要对项目的施工任务直接承担技术和经济责任。自己决定自己的施工项目的组织设计，执行起来比较顺利，比较切合实际，能更好地发挥积极性去克服执行中的阻力和困难。

单位工程施工组织设计按照工程的规模、技术复杂程度和施工条件的不同，在编制内容的深度和广度上因工程而异，一般分为以下两种：

1)单位工程施工组织设计一般适用于重要的、规模大的、技术复杂或采用新技术的工程，编制内容要全面、详细。其内容包括：工程概况与施工条件、施工方案、施工进度计划表、单位工程施工平面布置图。技术经济比较应贯彻始终，以寻求最优方案和最佳进度。

2)单位工程施工方案设计，一般适用于规模较小、简单的拟建工程或采用通用图样的单位工程，它通常只编制施工方案并附以施工进度计划和施工平面图。内容宜简单、精练和实用。

(3)分部分项工程施工设计：分部分项工程施工设计一般是在单位工程施工组织设计确定了施工方案后，针对施工难度较大或技术较复杂、工程规模大的分部分项工程为对象编制的，用来指导其施工活动的技术、经济文件。例如，复杂的基础工程、特大构件的吊装、大型土方工程、厚大体积混凝土、深基坑降水与支护结构等，以及采用新技术、新工艺、新结构、新材料或在特殊气候条件下施工的项目为对象编制的，是针对性特别强的施工设计文件。

分部分项工程施工设计一般是由施工队技术队长负责编制，详细说明作业方法和作业过程及注意事项。它结合施工单位的月、旬作业计划，把单位工程施工组织设计进一步具体化，是专业工程的具体施工设计。

分部分项工程施工设计的主要内容包括工程概况，施工方案，施工进度表，施工平面图及技术组织措施等。

上述各种施工组织设计是就一般情况而言的。对于建设规模特大、投资额特多的大型建设项目，在初步设计时还必须有施工条件设计，使拟建项目在规定工期内，在建设地点的条件下，从施工角度说明工程设计的技术可行性与经济合理性，同时作出施工规划，指出各阶段首先应进行的工作和必须解决的问题。

三、编制施工组织设计的依据、基本原则和程序

(1)编制施工组织设计的依据。施工组织设计是根据不同的施工对象、现场条件、施工条件等主客观因素，在充分调查分析的基础上编制的。不同类型的施工组织设计的编制依据有共性，也存在着差异。例如，施工组织总设计是编制单位工程施工组织设计的依据；单位工程施工组织设计是编制分部(分项)工程作业设计的依据。我们就共同的编制依据的主要内容简述如下：

施工组织设计
基本内容示例

1)计划和设计文件，包括已批准的计划任务书、初步设计、施工图样。

2)合同的规定。

3)勘察设计的自然条件资料。

4)建设地区的技术经济条件资料。

5)国家有关规定、规程、规范。

6)施工中配备的劳动力、机具设备、施工经验、技术状况等。

7)国家和上级的有关指示。

8)水、电供应条件。

9)预算文件。

10)建成后的投产计划。

(2)编制施工组织设计的基本原则。根据我国建筑施工的特点和几十年积累的经验及教训，在组织施工和编制施工组织设计时，应遵循、贯彻以下基本原则：

1)认真贯彻国家对工程建设的各项方针政策，严格遵守建设程序。

2)严格执行合同的规定。

3)严格执行施工程序，合理安排施工顺序。

4)采用流水施工方法、网络技术和线性规划法等组织有节奏、均衡和连续地施工。

5)组织好季节性施工项目，保证全年生产的均衡性和连续性。

6)尽可能地提高工业化的程度。

7)贯彻勤俭节约的原则。尽量利用现有机械设备，尽量使用地方资源，尽量利用正式工程、原有待拆的设施做临时设施，降低工程成本。

8)尽量采用先进的施工技术，科学地确定施工方案。

9)合理布置施工平面图。尽可能减少临时设施，合理储存物资，减少物资运输量。

10)坚持工程质量第一，确保施工安全。

(3)编制施工组织设计的程序。施工组织设计的编制程序是指对其各组成部分形成的先后顺序及相互间制约关系的处理。根据我国多年的实践经验，编制施工组织设计的程序如下：

1)熟悉、审查图样，进行调查研究。

2)计算工程量。

3)选择施工方案和施工方法。

4)编制施工进度计划。

5)编制资源需用量计划。

6)确定各项临时设施。

7)确定运输计划。

8)编制施工准备工作计划。

9)布置施工平面图。

10)审核批准。

四、施工组织设计的贯彻和实施

编制施工组织设计仅仅是组织施工的一项准备工作，更重要的是其贯彻执行。施工组织设计一经批准后，即成为进行施工准备和组织整个施工活动的指导性文件，必须执行。凡未编制施工组织设计的工程项目一律不准开工。

在施工中，各项施工活动必须按照施工组织设计进行安排，各级施工和技术领导应严格按照施工组织设计检查和督促各项工作的落实，并做好施工组织设计的交底工作，协调好施工组织设计与企业各类计划间的关系，要有健全的组织管理系统，保证施工管理信息畅通。

在编制施工组织设计时，可能有某些尚未预见或虽已预见，但仍为可变性的因素和条件，而这些因素和条件的变化对施工的正常进行影响很大。所以，在编制了局部施工组织设计后，有时也应对全局性的施工组织设计再作修正和调整，施工组织设计在实际执行中，也应随着工程的进展及时检查，并作出适当调整，使其更好地起到指导施工的作用。

➤ 复习思考题

1. 试述建筑施工组织的研究对象和任务。
2. 试述基本建设程序的主要阶段。
3. 以一所学校为例，试述一个建设项目的组成。
4. 试述建筑施工程序及施工程序在施工组织中的作用。
5. 试述施工组织设计如何分类及各自的作用。
6. 试述编制施工组织设计应具备的条件。
7. 试述施工组织总设计与单位工程施工组织设计的区别与联系。

第二章　建筑流水施工

内容提要

在建筑工程施工中，以分工协作、分段作业为基础的流水施工是组织建筑工程施工最科学有效的计划与管理方法。建筑工程的流水施工与工业企业中采用的流水线生产极为相似，不同的是，在工业生产中，生产工人和设备位置是固定的，产品是按加工工艺在流水线上从前一工序向后一工序流动；而在建筑施工中，建筑产品的位置是固定的，生产工人和机具等由前一施工段向后一施工段流动，即生产者是移动的。实践证明流水施工方法是组织施工的一种科学方法，它可以充分地利用工作时间和操作空间，减少非生产性的劳动消耗，提高劳动生产率，缩短工期，节约施工费用。

本章介绍了流水施工的主要参数；流水施工参数的计算；流水步距、流水节拍、工期的计算方法。通过学习本章的内容，能解决实际工程中流水施工横道图绘制方法和流水施工时间参数的确定方法。

知识目标

1. 了解流水施工的三种表示方式。
2. 掌握流水施工的主要参数。
3. 掌握流水步距、流水节拍和流水工期的计算方法。
4. 掌握流水施工非节奏流水适用范围及工期计算。

能力目标

1. 熟悉流水施工节奏流水时间参数的计算。
2. 熟悉流水施工横道图的绘制。

学习建议

1. 熟悉流水施工非节奏流水施工工期的计算方法。
2. 巩固练习流水施工横道图的绘制。

第一节　流水施工的基本概念

一、基本概念

流水施工是指所有的施工过程均按某一时间间隔依次投入施工，依次完工，并使同一施工过程在各施工段之间保持连续均衡施工，不同施工过程之间，在满足技术要求的条件下，最大限度地安排平行搭接施工的组织，如图 2-1 所示。

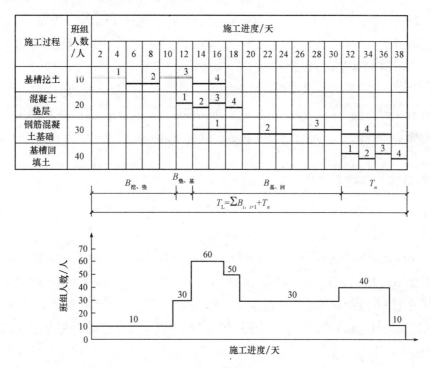

图 2-1　横道图

B—流水步距；i——个施工过程；$i+1-i$ 工程的紧后工程；

T_n—最后一个施工过程持续时间；T_L—总持续时间

从图 2-1 中可以看出，流水施工各施工班组能连续地、均衡地施工，前后施工过程尽可能地平行搭接施工，比较充分地利用了工作面，缩短了工期。

二、组织流水施工的条件

(1)划分施工段。根据组织流水施工的要求，将拟建工程在平面上和空间上划分为工程量(或劳动量)大致相等的若干个施工段(区)，也称为流水段(区)。建筑工程组织流水施工的关键是将建筑单件产品变成多件产品，以便成批生产。由于建筑产品体形庞大，通过划分施工段(区)就可将单件产品变成"批量"的多件产品，从而形成流水作业的前提。没有"批量"就不

统筹法与流水线

可能组织流水作业。每一个段（区），就是一个假定"产品"。施工段是组织流水施工的必要条件。

（2）划分施工过程。根据拟建工程的特点和施工要求，将拟建工程的整个建造过程按照施工工艺要求划分为若干个施工过程。划分施工过程的目的，是为了对施工对象的建造过程进行分解，以便于逐一实现局部对象的施工，从而使施工对象整体得以实现。

（3）每个施工过程组织独立的施工班组。在一个流水分部中，每个施工过程尽可能组织独立的施工班组负责本施工过程的施工，施工班组的形成可根据施工过程所包括工作内容的不同采用专业班组或混合班组，这样可使每个班组按施工顺序，依次地、连续地、均衡地从一个施工段转移到另一个施工段进行相同的操作，以便满足流水施工的要求。

（4）主要施工过程必须连续、均衡地施工。主要施工过程是指工程量较大、作业时间较长的施工过程。对于主要施工过程必须安排在各施工段之间连续、均衡地施工；其他次要施工过程，可考虑与相邻的施工过程合并。如不能合并，为缩短施工工期，可安排间断施工。

（5）不同施工过程尽可能组织平行搭接施工。不同施工过程之间的关系，关键是工作时间上有搭接和工作空间上有搭接。在有工作面的条件下，除了必要的技术间歇和组织间歇之外，应尽可能地组织在不同的施工段上平行搭接施工。

三、流水施工的表示方式

流水施工的表示方式，一般有横道图（水平图表）、斜线图（垂直图表）和网络图三种表示方式。

（1）横道图。流水施工横道图的表示方式如图 2-1 所示。图中的横坐标表示流水施工的持续时间；纵坐标表示施工过程的名称和顺序。n 条带有编号的上下相错的水平线段表示 n 个施工过程在各施工段上工作的起止时间和先后顺序，其编号 1，2，3…表示不同的施工段。

横道图的优点是绘制简单，施工过程及其先后顺序清楚，时间和空间状况形象直观，进度线的长度可以反映流水施工速度，使用方便，在实际工程中，常用横道图编制施工进度计划。

（2）斜线图。流水施工斜线图的表示方式如图 2-2 所示。图中的横坐标表示流水施工的持续时间；纵坐标表示流水施工所处的空间位置，即施工段的编号，施工段的编号自下而上排列。n 条斜向的线段表示 n 个施工过程或专业班组的施工进度，并用编号（A、B、C）或名称区分各自表示的对象。

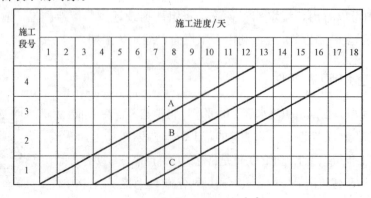

图 2-2　斜线图

斜线图的优点是施工过程及其先后顺序清楚，时间和空间状况形象直观，斜向进度线的斜率可以明显地表示出各施工过程的施工速度；缺点是实际工程施工中，同时开工，并同时完工的若干个不同施工过程，在斜线图上只能用一条斜线表示，不好直观地看出一条斜线代表多少个施工过程，同时无法绘制劳动力或其他资源消耗动态曲线图，指导施工时不如横道图方便。因此，在实际工程施工中很少采用斜线图。

（3）网络图。流水施工网络图是由一系列的圆圈节点和箭线组合而成的网状图形，用来表示各施工过程或施工段上各项工作的先后顺序和相互依赖、相互制约的关系图。

四、流水施工的分类

（1）分项工程流水。分项工程流水又称细部流水或施工过程流水。它是在一个分项工程内部各施工段之间进行连续作业的流水施工方式，即一个专业班组使用同一生产工具依次连续不断地在各施工段中完成同一施工过程的工作(如内装饰工程中抹灰班组依次在各施工段上连续完成抹灰工作)，它是组织拟建工程流水施工的基本单元。

（2）分部工程流水。分部工程流水又称专业流水。它是在一个分部工程内部由各分项工程流水组合而成的流水施工方式，是分项工程流水的工艺组合，即若干个专业班组依次连续不断地在某施工段上完成各自的工作，随着前一个专业班组完成前一个施工过程之后，接着后一个专业班组来完成下一个施工，依次类推，直到所有专业班组都经过了该施工段，完成了分部工程为止。如某现浇钢筋混凝土工程是由安装模板、绑扎钢筋、浇筑混凝土三个分项工程流水所组成。

（3）单位工程流水。单位工程流水又称项目流水。它是在一个单位工程内部由各分部工程流水或各分项工程流水组合而成的流水施工方式。它是分部工程流水的扩大和组合，即所有专业班组依次在一个施工对象的各施工段中连续施工，直至完成单位工程为止。例如，多层框架结构房屋的流水，是由分部工程流水、主体分部工程流水以及装修分部工程流水所组成。

（4）建筑群体工程流水。建筑群体工程流水又称综合流水，俗称大流水施工。它是指在住宅小区、工业厂区等建筑群体工程建设中，由多个单位工程的流水施工组合而成的流水施工方式。它是单位工程流水的综合与扩大。

第二节 建筑施工的组织方式

在实际建筑产品施工中，除应用流水施工的组织方式外，还有其他的组织方式，通过几种方式的比较，更能清楚地说明流水施工的特点和优越性。

在组织多幢同类房屋或将一幢房屋划分成若干个施工区段进行施工时，可以采用依次施工、平行施工和流水施工三种不同的组织方式。

例如，某四幢房屋基础工程有四个施工过程：基槽挖土(4天)、混凝土垫层(2天)、钢筋混凝土基础(6天)、回填土(2天)，每幢为一个施工段。现分别采用依次、平行、流水施工方式组织施工。

一、依次施工

依次施工是按施工段的顺序(或施工过程的顺序)依次开始施工，并依次完成各施工段内所有施工过程的施工组织方式。将上述四幢房屋的基础工程组织依次施工，其施工进度安排如图2-3和图2-4所示。

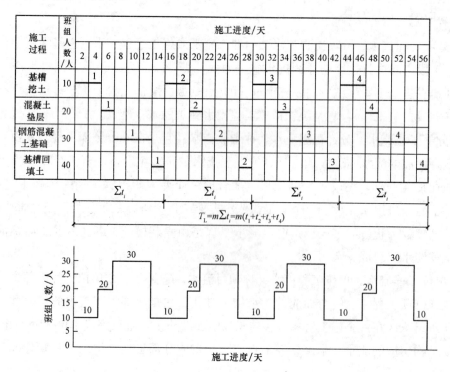

图 2-3 按施工段依次施工

m—施工段总数；t_i—某一施工过程持续时间；T_L—总持续时间

(1)依次施工的形式。

1)按施工段(或幢号)依次施工。按施工段(或幢号)依次施工是指一个施工段(或幢号)内的各施工过程按施工顺序先后完成后，再依次完成其他各施工段(或幢号)内各施工过程的施工组织方式，其施工进度的横道图如图2-3所示。若用t_i代表一幢房屋内某一施工过程的工作持续时间，则完成该幢房屋各施工过程所需的工作持续时间之和为$\sum t_i$，完成m幢同样房屋所需的总持续时间(即总工期)T_L的计算公式为

$$T_L = m \sum t_i$$

将数值代入公式得 $T_L = 4 \times (4+2+6+2) = 56(天)$。

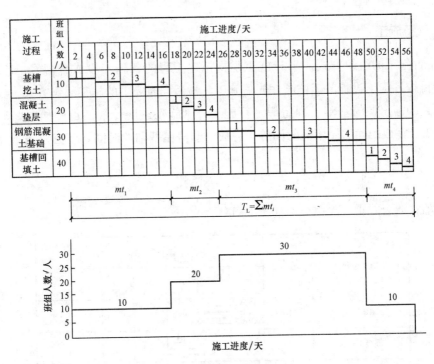

图 2-4 按施工过程依次施工

2)按施工过程依次施工。按施工过程依次施工是指按施工段(或幢号)的先后顺序，先依次完成每个施工段(或幢号)内的第一个施工过程，然后再依次完成其他施工过程的施工组织方式。其施工进度计划横道图如图 2-4 所示，完成 m 幢同样房屋的某一个施工过程所需的工作持续时间为 mt_i，则完成 m 幢同样房屋所有施工过程需要的总工期 T_L 计算公式为

$$T_L = \sum mt_i$$

将数值代入公式得 $T_L = 4 \times 4 + 4 \times 2 + 4 \times 6 + 4 \times 2 = 56$(天)

(2)依次施工组织方式的特点。

1)每天只有一个施工班组施工，每天投入的劳动力少，机具设备少，材料供应比较单一。

2)有利于资源供应的组织工作；施工现场管理简单，便于组织和安排。

3)没能充分地利用工作面进行施工，工期长。

4)若按专业成立施工班组，各施工班组的工作有间歇性，劳动力和物资的使用也有间歇性，没有保持连续均衡。

5)若由一个施工班组完成全部施工任务，不能实现专业化生产，不利于提高劳动生产率和工程质量。

因此，依次施工适用于施工工作面有限、规模较小的工程。

二、平行施工

(1)平行施工的组织方式。平行施工是指拟建工程的各施工段或各幢号工程均同时开工，然后再按各施工过程的工艺顺序先后施工，最后同时完工的施工组织方式。

将上述四幢房屋的基础工程组织平行施工，其施工进度计划横道图如图 2-5 所示，从图 2-5 可知，完成四幢房屋所需时间等于完成一幢房屋基础的时间，工程总工期 T_L 的计算公式为

$$T_L = \sum t_i$$

将数值代入公式得 $T_L = 4 + 2 + 6 + 2 = 14$（天）。

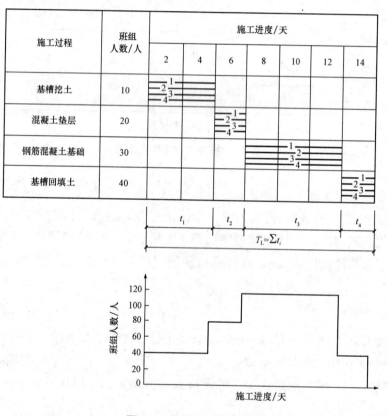

图 2-5　平行施工横道图

(2)平行施工组织方式具有以下特点：

1)充分地利用了工作面进行施工，工期短。

2)若每个工程都按专业成立工作队，各专业队不能连续流水作业，劳动力和物资的使用不均衡。

3)若由一个工作队完成一个工程的全部施工任务，不能实现专业化生产，不利于提高劳动生产率和工程质量。

4)每天投入施工的劳动力、材料和机具数量成倍地增加，不利于资源供应的组织工作。

5)施工现场的组织、管理比较复杂。

综上所述，一般情况下不应采用平行施工，只有工期要求很紧的重点工程，能分期分批组织施工的工程和大规模的建筑群工程，并在各方面的资源供应有保障的前提下，才采用平行施工的组织方式。

三、流水施工

(1)流水施工的组织方式。将上述四幢房屋的基础工程组织流水施工，其施工进度计划横道图如图 2-1 所示。其工程总工期 T_L 的计算公式为

$$T_L = \sum B_{i,i+1} + T_n$$

式中　　$\sum B_{i,i+1}$——流水施工中各流水步距之和；

T_n——流水施工中最后一个施工过程的持续时间。

将图 2-1 中有关数值代入公式得 $T_L = (10+2+18) + 4 \times 2 = 38$(天)。

此流水施工方式为全部连续流水施工。除此之外，根据建筑工程施工的特点，为了更充分地利用工作面，缩短工期，有时特意安排某些次要施工过程在各施工段之间合理间断施工，这是编制施工进度计划时应优先采用的合理间断施工的组织方式。因此规定：对于一个分部工程施工来说，只要保证主导施工过程在各施工段、施工层之间能连续均衡施工，其他次要施工过程由于缩短工期的要求而不能安排连续施工时，也可部分或全部安排合理间断施工，这种施工组织方式也可以认为是流水施工。

(2)流水施工组织方式的特点。

1)尽可能合理地、充分地利用施工工作面，工期比较短。

2)工作队实现了专业化生产，有利于提高工人的技术水平，改善劳动组织，改进操作方法和施工机具，有利于提高工程质量和劳动生产率。

3)专业工作队能够连续作业，相邻专业工作队的开工时间最大限度地搭接。

4)每天投入的资源量较为均衡，有利于资源供应的组织工作。

5)为施工现场的文明施工和科学管理创造了有利条件。

(3)流水施工的经济效益。从三种施工方式的对比中可以看出，流水施工组织方式是一种先进的、科学的施工组织方式，它使建筑安装生产活动有节奏地、连续和均衡地进行，在时间和空间上合理组织，其技术经济效果是明显的，主要表现有以下几点：

1)施工工期较短，能早日发挥基本建设投资效益。由于流水施工的节奏性、连续性，加快了各专业工作队的施工进度，减少了时间间歇，特别是相邻专业工作队，在开工时间上，最大限度地、合理地搭接起来，充分地利用了工作面，做到尽可能早地开始工作，从而达到缩短工期的目的，使工程尽快交付使用或投产，获得经济效益和社会效益。

2)提高了工人的技术水平，提高了劳动生产率。由于流水施工组织使工作队实现了专业化生产，建立了合理的劳动组织，工人连续作业，操作熟练，便于不断改进操作方法和

机具，因而工人的技术水平和生产率不断地提高。

3)提高了工程质量，增加了建筑产品的使用寿命和节约了使用中的维修费用。由于流水施工中，工作队专业化生产，工人技术水平高，各专业工作队之间紧密地搭接作业，互相监督，提高了工程质量，这既可以使建筑产品的使用寿命延长，又可以减少使用过程中的维修费用。

4)充分发挥了施工机械和劳动力的生产效率。流水施工时，各专业工作队按预先规定的时间，完成各个施工段上的任务。其单位时间内完成的工程任务是根据平均先进的劳动定额或实际经验而确定的。流水施工组织合理，没有窝工现象，增加了有效劳动时间，在有节奏、连续的流水施工中，施工机械和劳动力的生产效率都得以充分的发挥。

5)降低了工程成本，提高了施工企业的经济效益。由于组织流水施工节约了工程的直接费用，减少了临设工程费和施工管理费。流水施工资源消耗均衡，便于组织物质供应工作，储存合理，利用充分，减少了各种不必要的损失，节约了材料费；生产效率高，节约了人工费和机械使用费；材料和设备合理供应，减少了临设工程费用；降低了施工高峰人数，工期缩短，工人的人数减少，节约了施工管理费和其他的有关费用。因此，降低了工程的成本，提高了施工企业的经济效益。

第三节　流水施工的主要参数

在组织拟建工程流水施工时，为了表示流水施工在工艺程序、空间布置和时间排列等方面开展状态的相互依存关系，引入了一些描述施工进度计划特征和各种数量关系的参数，将它们称为流水施工的主要参数，简称为流水参数。

流水施工的主要参数，按其情况不同，一般可分为工艺参数、时间参数和空间参数三种。

一、工艺参数

工艺参数主要是指在组织流水施工时，用以表达流水施工在施工工艺方面进展状态的参数。通常有施工过程数和流水强度。

1. 施工过程数

施工过程数是指一组流水的施工过程个数，以符号"n"表示。施工过程划分的数目多少、粗细程度一般与下列因素有关：

(1)施工进度计划的性质和作用。对于建筑群工程或规模大、结构复杂、工期较长的工程的控制性施工进度计划，其施工过程应划分粗些、综合性大些，可以将分部工程或单位工程作为施工过程，如基础工程、主体结构工程、屋面工程、装修工程等。对于中小型单位工程、工期不长的工程的实施性施工进度计划，其施工过程应划分细些、具体些，以便指导施工，可以将分部工程再分解为若干个分项工程，如将基础工程分解为挖土、垫层、钢筋混凝土基础、回填土等分项工程。

（2）工程施工方案与工程结构的特点。不同的施工方案，其施工顺序和方法也不同。厂房基础与设备基础的挖土或承重墙与非承重墙的砌筑、基槽回填土与室内地坪回填土的回填等，如同时施工应合并为一个施工过程，先后施工时应划分为两个施工过程。砖混结构、大墙板结构、装配框架结构、现浇钢筋混凝土结构等不同的结构体系，其施工过程划分的内容和原则也各不相同。如钢筋混凝土工程，在砖混结构工程流水施工中，一般可合为一个施工过程；在现浇钢筋混凝土结构工程流水施工中，应划分为钢筋、模板、混凝土等三个不同的施工过程。

（3）劳动组织状况和劳动量的大小。施工过程的划分与当地的施工班组及施工习惯有关。如安装玻璃和油漆施工，有些地方和单位采用混合班组，应合并为一个施工过程；有些地方和单位采用单一工种的专业施工班组，此时应划分为两个施工过程。施工过程的划分还与其劳动量的大小有关，劳动量小的施工过程，当组织流水施工有困难时，可以与相邻的其他施工过程合并。如垫层劳动量较小时可与挖土合并为一个施工过程，这样可以使各个施工过程的劳动量大致相等，便于组织流水施工。

（4）施工内容的性质和范围：直接在工程对象上进行的施工活动及搭设施工用脚手架、运输井架、安装塔式起重机等均应划入流水施工过程；而钢筋加工、模板制作和维修、构件预制、运输等一般不划入流水施工过程。

2. 流水强度

流水强度是指流水施工的每一施工过程在单位时间内完成工作量的数量，用 V 来表示。它主要与选择的机械或参加施工的人数有关。其计算方法分为如下两种情况：

施工过程详解

（1）机械施工的流水强度按下式计算：

$$V = \sum_{i=1}^{x} R_i S_i$$

式中　R_i——某种施工机械台数；

　　　S_i——某种施工机械台班生产率；

　　　x——用于同一施工过程的主导施工机械种类数。

（2）手工操作过程的流水强度按下式计算：

$$V = RS$$

式中　R——每一工作队工人人数（R 应小于工作面上允许容纳的最多人数）；

　　　S——每一工人每班产量定额。

二、时间参数

时间参数是指在组织流水施工时，用以表达流水施工在时间上开展状态的参数。时间参数主要有流水节拍、流水步距和流水工期等。

1. 流水节拍

流水节拍是指在流水施工中，从事某一施工过程的施工班组在任何一个施工段上完成施工任务所需的工作持续时间，用符号 t_i 表示（i 代表施工过程的编号 $i = 1, 2 \cdots$）。

（1）流水节拍的计算。流水节拍的大小直接关系到投入的劳动力、材料和机具的多少，决定着流水施工方式、施工速度和工期。因此，流水节拍数值的确定很重要，必须进行合理的选择和计算。主要的计算方法有两种：一种是根据工期要求确定；另一种是根据现有能够投入的资源（劳动力、机械台数和材料量）确定，但须满足最小工作面的要求。流水节拍的公式为

$$t_i = \frac{Q_i}{S_i R_i Z_i} = \frac{P_i}{R_i Z_i}$$

或

$$t_i = \frac{Q_i H_i}{R_i Z_i} = \frac{P_i}{R_i Z_i}$$

式中　　t_i——某施工过程流水节拍；

Q_i——某施工过程在某施工段上的工程量；

S_i——某施工过程的每工日产量定额；

R_i——某施工过程的施工班组人数或机械台数；

Z_i——每天工作班制；

P_i——某施工过程在某施工段上的劳动量；

H_i——某施工过程采用的时间定额。

若流水节拍根据工期要求来确定，则也很容易使用上式计算所需的人数（或机械台班）。但在这种情况下，必须检查劳动力和机械供应的可能性，以及物资供应能否保证。

（2）确定流水节拍时应注意的问题。

1）施工班组人数要适宜，既要满足最小劳动组合人数要求，又要满足最小工作面的要求。最小劳动组合是指某一施工过程进行正常施工所必需的最低限度的班组人数及其合理组合。如模板安装就要按技工和普通工人的最少人数及合理比例组成施工班组，人数过少或比例不当都将引起劳动生产率的下降。最小工作面是指施工班组为保证安全生产和有效地操作所必需的工作面。它决定了最大限度可安排多少工人。不能为了缩短工期而无限地增加人数，否则将造成工作面的不足而不能发挥正常的施工效率，且不利于安全施工。

2）工作班制要恰当，工作班制的确定要视工期的要求。当工期不紧迫，工艺上又无连续施工要求时，可采用一班制；当组织流水施工时为了给第二天连续施工创造条件，某些施工过程可考虑在夜班进行，即采用二班制；当工期较紧或工艺上要求连续施工，或为了提高施工机械的使用效率时，某些项目可考虑三班制施工。

3）机械的台班效率或机械台班产量的大小。

4）施工现场对各种材料、构件等的堆放容量、供应能力及其他因素的制约。

5)流水节拍值一般取整数天(或机械台班),必要时才考虑保留 0.5 天(或台班)的小数值。

2. 流水步距

流水步距是指在流水施工中,相邻两个施工过程的施工班组先后进入同一施工段开始施工的最小间隔时间,用符号 $B_{i,i+1}$ 表示(i 表示前一个施工过程,$i+1$ 表示后一个施工过程)。

流水步距的大小,直接影响工期的长短。一般来说,在拟建工程的施工段数不变的情况下,流水步距越大,工期越长;流水步距越小,则工期越短。

流水步距的数目等于 $n-1$ 个参加流水施工的施工过程数。确定流水步距的基本要求如下:

(1)技术间歇的要求。在流水施工中有些施工过程完成后,后续施工过程不能立即投入作业,必须有合理的工艺间歇时间,叫技术间歇时间,用 t_j 来表示。技术间歇时间与材料的性质和施工方法有关。例如,钢筋混凝土的养护、油漆的干燥等。

(2)组织间歇的需要。组织间歇时间是指流水施工中,某些施工过程完成后要有必要的检查验收或施工过程准备时间,用 t_z 来表示。如基础工程完成后,在回填土前必须进行检查验收并做好隐蔽工程记录所需要的时间(图 2-6)。

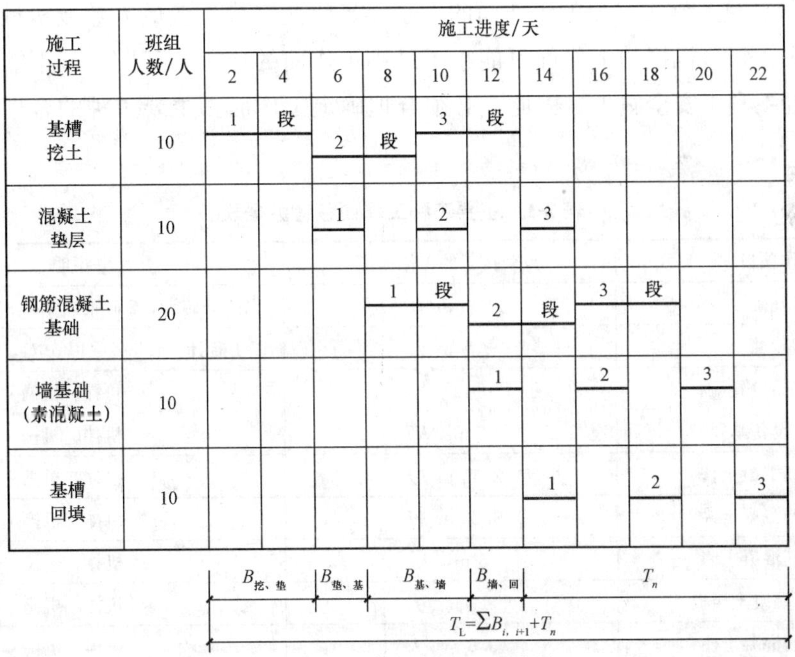

施工过程	班组人数/人	施工进度/天										
		2	4	6	8	10	12	14	16	18	20	22
基槽挖土	10	1 段		2 段		3 段						
混凝土垫层	10			1		2		3				
钢筋混凝土基础	20				1 段		2 段		3 段			
墙基础(素混凝土)	10						1		2		3	
基槽回填	10								1		2	3

$$B_{挖、垫} \quad B_{垫、基} \quad B_{基、墙} \quad B_{填、回} \quad T_n$$

$$T_L = \sum B_{i,i+1} + T_n$$

图 2-6 合理间歇流水施工

(3)主要专业队连续施工的需要。流水步距的最小长度,必须使专业队进场以后,不发生停工、窝工的现象。

（4）保证每个施工段的正常作业程序：不发生前一个施工过程尚未全部完成，而后一个施工过程便提前介入的现象。有时为了缩短时间，在工艺技术条件许可的情况下，某些次要专业队也可以搭接进行施工，其搭接时间由 t_d 表示。

3. 流水工期

工期是指完成一项工程任务或一个流水组施工所需的时间，一般可采用下式计算：

$$T_L = \sum B_{i,i+1} + T_n$$

式中　　$\sum B_{i,i+1}$——流水施工中各流水步距之和；

T_n——流水施工中最后一个施工过程的持续时间，$T_n = mt_n$。

三、空间参数

空间参数是指在组织流水施工时，用以表达流水施工在空间上开展状态的参数。空间参数主要有：工作面、施工段数和施工层数。

1. 工作面

工作面是指在施工对象上可能安置专业工人或布置施工机械进行作业的活动空间。根据施工过程不同，它可以用不同的计量单位表示。如挖基槽按延长米（m）计量，墙面抹灰按平方米（m²）计量。施工对象的工作面的大小，表明能安排作业的人数或机械的台数的多少。每个工人或每台机械的工作面不能小于最小工作面的要求。否则，就不能发挥正常的施工效率，且不利于安全施工。因此，必须合理确定工作面。主要工种的合理工作面参考数据见表 2-1。

表 2-1　主要工种工作面参考数据表

工作项目	每个技工的工作面量	说明
砖基础	7.6 m/人	以 1.5 砖计，2 砖乘以 0.8，3 砖乘以 0.55
砌砖墙	8.5 m/人	以 1 砖计，1.5 砖乘以 0.71，1 砖乘以 0.57
混凝土柱、墙基础	8 m³/人	机拌、机捣
混凝土设备基础	7 m³/人	机拌、机捣
现浇钢筋混凝土柱	2.45 m³/人	机拌、机捣
现浇钢筋混凝土梁	3.20 m³/人	机拌、机捣
现浇钢筋混凝土墙	5 m³/人	机拌、机捣
现浇钢筋混凝土楼板	5.3 m³/人	机拌、机捣
预制钢筋混凝土柱	3.6 m³/人	机拌、机捣
预制钢筋混凝土梁	3.6 m³/人	机拌、机捣
预制钢筋混凝土屋架	2.7 m³/人	机拌、机捣
混凝土地坪及面层	40 m²/人	机拌、机捣
外墙抹灰	16 m²/人	
内墙抹灰	18.5 m²/人	

工作项目	每个技工的工作面量	说明
卷材屋面	18.5 m²/人	
防水水泥砂浆屋面	16 m²/人	
门窗安装	11 m²/人	

2. 施工段数

施工段是指组织流水施工时，把施工对象在平面上划分为若干个劳动量大致相等的施工区段，它的数目用 m 表示。每个施工段在某一段时间内只供一个施工过程的工作队使用。

划分施工段的作用是为了组织流水施工，保证不同的施工班组在不同的施工段上同时进行施工，并使各施工班组能按一定的时间间歇转移到另一个施工段进行连续施工，使流水施工连续、均衡，同时缩短了工期。划分施工段的基本要求如下：

(1)施工段的数目要合理。施工段数目过多，则每个施工段上的工程量较少，势必要减少施工班组的工人数，工作面不能充分利用，使工期拖长；施工段数过少，则每个施工段上的工程量较大，又会造成资源供应过于集中，不利于组织流水施工，有时还会造成"断流"的现象，同样也会使工期拖长。因此，划分施工段时要综合考虑拟建工程的特点、施工方案、流水施工要求和总工期等因素，合理确定施工段的数目，以利于降低成本，缩短工期。

(2)各个施工段上的劳动量(或工作量)要大致相等，相差不宜超过15%。这样才能保证在施工班组人数固定的情况下，使同一施工过程在各个施工段上施工持续时间相等，从而保证各施工班组有节奏地连续、均衡施工。

(3)施工段的分界面与施工对象的结构界限(温度缝、沉降缝或单元尺寸)或幢号一致，以便保证施工质量。

(4)以主导施工过程需要来划分施工段。主导施工过程是指对总工期起控制作用的施工过程，如多层框架结构房屋的钢筋混凝土工程等。

(5)当组织多层或高层主体结构工程流水施工时，既分施工段，又分施工层，以使各施工班组能够连续施工。

3. 施工层数

施工层是指施工对象在垂直方向上划分的施工段落。尤其是在多层或高层建筑物的某些施工过程进行流水施工时，必须既在平面上划分施工段，又在垂直方向上划分施工层。通常施工层的划分与结构层相一致，有时也考虑施工方便，按一定高度划分为一个施工层。

在分施工层的流水施工中，应使各施工班组能够连续施工。即各施工过程的工作队，首先依次投入第一施工层的各施工段施工，完成第一施工层最后一个施工过程后，连续地转入第二施工层的施工段施工，依次类推。各专业工作队的工作面，除了前一个施工过程完成，为后一个专业工作队提供了工作面之外，最前面的专业队在跨越施工层时，必须要最后一个施工过程完成，才能为其提供工作面。为保证跨越施工层时，专业工作队能够有节奏地、连续地进入另一个施工层的施工段均衡地施工，每层最少施工段数目 m 应大于或等于施工过程数 n，即满足 $m \geqslant n$。

（1）当 $m=n$ 时，各施工班组均能连续施工，施工段上始终有施工班组，工作面能充分利用且无停歇现象，也不会产生工人窝工现象，这是比较理想的流水施工方案，但它使施工管理者没有回旋的余地。

（2）当 $m>n$ 时，各施工班组仍是连续施工，虽然有停歇的工作面，但这种停歇一般是正常的，它可以弥补某些施工过程必要的间歇时间，如利用停歇的时间做养护、备料、弹线等工作。

（3）当 $m<n$ 时，各施工班组在未跨越施工层前，均不能连续施工而造成窝工，施工段没有闲置。因此，对一个建筑物组织流水施工是不适宜的，但是在建筑群中可与另一些建筑物组织大流水施工，也可使施工班组连续施工。

第四节　流水施工的具体方法

根据流水施工节拍特征的不同，可分为全等节拍流水、成倍节拍流水、异节拍流水和非节奏流水等施工方法。

一、全等节拍流水施工

全等节拍流水是指在流水施工中，同一施工过程在各个施工段上流水节拍都相等，并且不同施工过程之间的流水节拍也相等的一种流水施工方式。也可以这样说：全等节拍流水指在流水施工中，所有施工过程在任何一个施工段上的流水节拍均完全相等的流水施工方式。

全等节拍流水按其相邻施工过程之间有无技术间歇时间分为无间歇全等节拍流水施工和有间歇全等节拍流水施工两类。

（1）无间歇全等节拍流水施工。无间歇全等节拍流水施工是指各个施工过程之间没有技术间歇时间和组织间歇时间，且流水节拍均相等的一种流水施工方式。

1）无间歇全等节拍流水施工的特征。

①同一施工过程流水节拍相等，不同施工过程流水节拍也相等，即 $t_1 = t_2 = \cdots t_3 = $ 常数，要做到这一点的前提是使各施工段的工作量基本相等。

②各施工过程之间的流水步距相等，且等于流水节拍，即 $B_{1,2} = B_{2,3} = \cdots B_{3,4} = t_i$。

2）无间歇全等节拍流水步距的确定。

$$B_{i,i+1} = t_i$$

式中　t_i——第 i 个施工过程的流水节拍；

$B_{i,i+1}$——第 i 个施工过程和第 $i+1$ 个施工过程的流水步距。

3)无间歇全等节拍流水施工的工期计算。

$$T = \sum B_{i,i+1} + T_n$$

$$\sum B_{i,i+1} = (n-1)t_i; \quad T_n = mt_n$$

$$T = (n-1) + mt = (n-1)t_i + mt_i = (m+n-1)t_i$$

式中　T——某工程流水施工工期;

　　$\sum B_{i,i+1}$——所有步距总和;

　　T_n——最后一个施工过程流水节拍总和。

例 2-1　某分部工程划分为 A、B、C、D 四个施工过程,每个施工过程分为 5 个施工段,流水节拍均为 6 天,试组织全等节拍流水施工。

解:1)计算工期。

$$T = (m+n-1)t_i = (5+4-1) \times 6 = 48(天)$$

2)用横道图绘制流水进度计划,如图 2-7 所示。

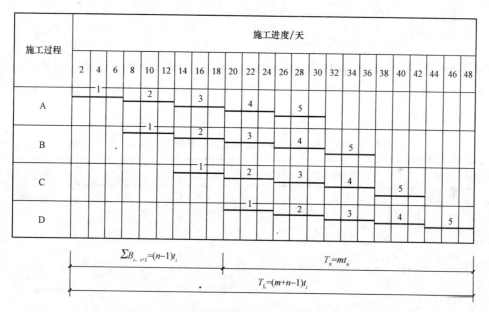

图 2-7　某分部工程无间歇流水施工进度计划(横道图)

(2)有间歇全等节拍流水施工。有间歇全等节拍流水施工是指各施工过程之间有的需要技术间歇时间或组织间歇时间,有的可搭接施工,其流水节拍均为相等的一种流水施工方式。

1)有间歇全等节拍流水施工的特征。

①同一施工过程流水节拍相等,不同施工过程流水节拍也相等。

②各施工过程之间的流水步距不一定相等,因为有技术间歇或组织间歇。

2)有间歇全等节拍流水步距 $B_{i,i+1}$ 的确定。

$$B_{i,i+1}=t_i+t_j+t_z-t_d$$

式中 t_i——第 i 个施工过程的流水节拍;

t_j——第 i 个施工过程与第 $i+1$ 个施工过程之间的技术间歇时间;

t_z——第 i 个施工过程与第 $i+1$ 个施工过程之间的组织间歇时间;

t_d——第 i 个施工过程与第 $i+1$ 个施工过程之间的搭接时间。

3)有间歇全等节拍流水施工的工期计算。

$$T_L = \sum B_{i,i+1} + T_n$$

$$\sum B_{i,i+1} = (n-1)t_i + \sum t_j + \sum t_z - \sum t_d$$

$$T_n = mt_i$$

$$T_L = (n-1)_i + mt_i + \sum t_j + \sum t_z - \sum t_d$$

$$= (m+n-1)t_i + \sum t_j + \sum t_z - \sum t_d$$

式中 $\sum t_j$——所有技术间歇时间总和;

$\sum t_d$——所有搭接时间总和。

例 2-2 某七层框架结构四单元的住宅的基础工程,分为两个施工段($m=2$),4 个施工过程($n=4$),各流水节拍及人数见表 2-2,混凝土浇捣后,应养护 6 天才能进行基础墙体砌筑,请组织流水施工。

表 2-2 各个施工过程的流水节拍及人数

施工过程 n	劳动量/m³	工作班制	人数	流水节拍/天
挖土及垫层	38	1	19	4
钢筋混凝土基础	28	1	14	4
基础墙	40	1	20	4
回填	20	1	10	4

解: 1)计算工期。

$$T = (m+n-1)t_i + \sum t_j - \sum t_d$$

$$=(2+4-1)\times 4+6-0=26(天)$$

2)用横道图绘制流水施工进度计划,如图 2-8 所示。

(3)全等节拍流水施工的组织方法及适用范围。全等节拍流水施工的组织方法:首先将拟建工程按通常方法划分施工过程,并将劳动量较小的施工过程合并到相邻施工过程中去,以使各施工过程的流水节拍相等;然后确定主导施工过程的施工班组人数,并计算其流水节拍;最后根据已定的流水节拍,确定其他施工过程的施工班组人数及其工种组成。

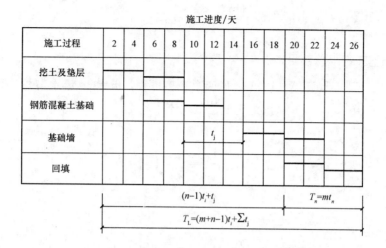

图 2-8 某基础工程有间歇流水施工进度计划

全等节拍流水施工比较适用于分部工程流水（专业流水），不适用于单位工程，特别是不适用于大型的建筑群。全等节拍流水施工虽然是一种比较理想的流水施工方式，它能保证专业班组连续工作，充分利用工作面，实现均衡施工，但它要求所划分的各分部工程、分项工程都采用相同的流水节拍，这对一个单位工程或建筑群来说，往往十分困难，不容易达到，因此，全等节拍流水施工方式的实际应用范围不是很广泛。

二、成倍节拍流水施工

成倍节拍流水施工是指在流水施工中，同一施工过程在各个施工段的流水节拍相等，不同施工过程之间的流水节拍不完全相等，但各个施工过程的流水节拍均为其中最小流水节拍的整数倍的流水施工方式。

（1）成倍节拍流水施工的特征。

1）同一施工过程流水节拍相等，不同施工过程流水节拍等于或为其中最小流水节拍的整数倍。

2）各施工段上的流水步距等于其中最小的流水节拍。

3）每个施工过程的工作队数等于本施工过程流水节拍与最小流水节拍的比值，即

$$D_i = \frac{t_i}{t_{\min}}$$

式中　D_i——某施工过程所需施工队数；

　　t_i——流水节拍；

　　$t_{\min}$——所有流水节拍中最小流水节拍。

（2）成倍节拍流水步距 $B_{i,i+1}$ 的确定。

$$B_{i,i+1} = t_{\min}$$

(3)成倍节拍流水施工的工期 T 计算。

$$T = (m + n' - 1)t_{\min}$$

式中 n'——施工班组总数目，$n' = \sum D_i$。

例 2-3 某分部工程有 A、B、C、D 四个施工过程，$m = 6$，流水节拍分别为 $t_A = 3$ 天，$t_B = 9$ 天，$t_C = 6$ 天，$t_D = 3$ 天，试组织成倍节拍流水施工。

解：$t_{\min} = 3$ 天

$$D_A = \frac{t_A}{t_{\min}} = \frac{3}{3} = 1(\text{个})$$

$$D_B = \frac{t_B}{t_{\min}} = \frac{9}{3} = 3(\text{个})$$

$$D_C = \frac{t_C}{t_{\min}} = \frac{6}{3} = 2(\text{个})$$

$$D_D = \frac{t_D}{t_{\min}} = \frac{3}{3} = 1(\text{个})$$

施工队总数 $n' = \sum_{i=1}^{4} D_i = 1 + 3 + 2 + 1 = 7(\text{个})$

工期为 $T_L = (m + n' - 1)t_{\min} = (6 + 7 - 1) \times 3 = 36(\text{天})$

根据计算的流水参数绘制施工进度计划表，如图 2-9 所示。

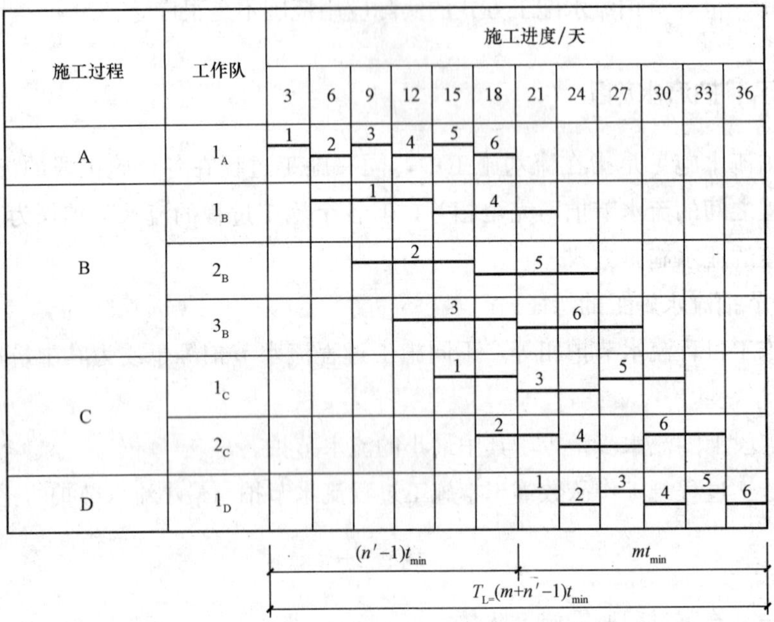

图 2-9　成倍节拍流水施工进度计划

(4)成倍节拍流水施工的组织方法及适用范围。成倍节拍流水施工的组织方法：首先将拟建工程的建造过程划分为若干个施工过程，并将其在平面和空间划分成施工段；

然后计算和确定主导施工过程和其他施工过程的流水，使之成为不等节拍流水，并采用增减施工队组人数的方法来调整各施工过程的流水节拍，以确保每个施工过程的流水节拍均为其中最小流水节拍的整数倍；再按倍数关系组织相应的施工班组数目，并按成倍节拍流水的要求安排各施工班组先后进入流水施工；最后绘制施工进度计划横道图。

成倍节拍流水施工方式比较适用于线型工程（如道路、管道等）的施工。

三、异节拍流水施工

异节拍流水施工指在流水施工中，同一施工过程在各个施工段上的流水节拍相等，不同施工过程之间的流水节拍不一定相等的流水施工方式。

（1）异节拍流水施工的特征。

1）同一施工过程流水节拍相等，不同施工过程流水节拍不一定相等。

2）各个施工过程之间的流水步距不一定相等。

（2）异节拍流水步距的确定。

1）当 $t_i \leqslant t_{i+1}$ 时，$B_{i,i+1} = t_i + (t_j + t_z - t_d)$；

2）当 $t_i > t_{i+1}$ 时，$B_{i+1} = mt_i - (m-1)t_{i+1} + (t_j + t_z - t_d)$。

（3）异节拍流水施工工期 T 的计算。

$$T = \sum B_{i,i+1} + T_n = \sum B_{i,i+1} + mt_n$$

例 2-4 某工程划分为 A、B、C、D 四个施工过程，分三个施工段组织流水施工，各施工过程的流水节拍分别为 $t_A = 4$ 天，$t_B = 6$ 天，$t_C = 10$ 天，$t_D = 4$ 天，施工过程 B 完成后需有 2 天的技术间歇时间。试求各施工过程之间的流水步距及该工程的工期。

解： 1）计算流水步距。

$t_A < t_B$，$t_j = 0$，$t_d = 0$

$B_{A,B} = t_A + t_j - t_d = 4 + 0 - 0 = 4$（天）

$T_B < t_C$，$t_j = 2$，$t_d = 0$

$B_{B,C} = t_B + t_j - t_d = 6 + 2 - 0 = 8$（天）

$T_C > t_D$，$t_j = 0$，$t_d = 0$

$B_{C,D} = mt_C - (m-1)t_D + t_j - t_d = 3 \times 10 - (3-1) \times 4 + 0 - 0 = 22$（天）

2）计算流水工期。

$$T_L = \sum B_{i,i+1} + T_n = 4 + 8 + 22 + 3 \times 4 = 46$（天）$$

根据计算的流水参数绘制施工进度计划表，如图 2-10 所示。

（4）异节拍流水施工的组织方法及适用范围。异节拍流水施工的组织方法：首先将拟建工程按通常做法分成若干个施工过程，并进行调整，主要施工过程要单列，某些次要施工过程可以合并，也可以单列，以便使进度计划既简明清晰，重点突出，又能起到指导施工的作用，然后根据从事主导施工班组人数计算其流水节拍，或根据合同

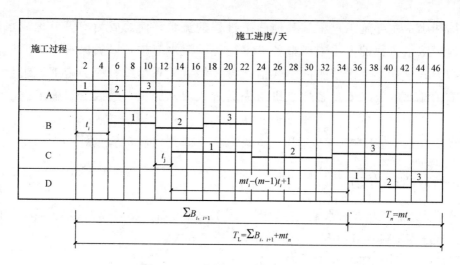

图 2-10 异节拍流水施工进度计划

规定工期，采取工期推算法确定主导施工过程的流水节拍；再以主导施工过程的流水节拍为最大流水节拍，确定其他施工过程的流水节拍和施工班组人数；最后绘制施工进度横道计划图。异节拍流水施工方式适用于分部工程和单位工程流水施工，它允许不同施工过程采用不同的流水节拍，因此，在进度安排上比全等节拍流水灵活，实际应用范围较广泛。

四、非节奏流水施工

非节奏流水施工是指在流水施工中，同一或不同的施工过程的流水节拍不完全相等的一种流水施工方式。

(1)非节奏流水施工的特征。

1)同一施工过程流水节拍不完全相等，不同施工过程流水节拍也不完全相等。

2)各个施工过程之间的流水步距不完全相等且差异较大。

(2)非节奏流水步距的确定。非节奏流水步距的计算是采用"累加错位相减法"，即

第一步：将每个施工过程的流水节拍逐块累加。

第二步：错位相减，即从前一个施工班组由加入流水起到完成该段工作止的持续时间之和减去后一个施工班组由加入流水起到完成前一个施工段工作止的持续时间之和(即相邻斜减)，得到一组差数。

第三步：取上一步斜减差数中的最大值作为流水步距。

(3)非节奏流水施工工期的计算。各施工过程在各施工段之间全部连续作业的非节奏流水，其施工工期计算公式只有一种，即先用"累加错位相减取最大差法"计算出流水步距，再用施工工期通用计算公式计算工期。

例 2-5 某分部工程流水节拍见表 2-3，试计算流水步距和工期。

表 2-3　某分部工程的流水节拍

施工过程 ＼ 施工段	1	2	3	4
A	3	2	1	4
B	2	3	2	3
C	1	3	2	3
D	2	4	3	1

解：1)计算流水步距。

由于每一个施工过程的流水节拍不相等，故采用上述"累加斜减取大差法"计算。现计算如下：

①求 $B_{A,B}$。

$$
\begin{array}{r}
3\quad 5\quad 6\quad 10\ \\
-\quad\ \ 2\quad 5\quad 7\quad 10 \\
\hline
3\quad 3\quad 1\quad 3\ \ -10
\end{array}
$$

$B_{A,B}=\max\{3,\ 3,\ 1,\ 3,\ -10\}=3(天)$

②求 $B_{B,C}$。

$$
\begin{array}{r}
2\quad 5\quad 7\quad 10\ \\
-\quad\ \ 1\quad 4\quad 6\quad 9 \\
\hline
2\quad 4\quad 3\quad 4\ \ -9
\end{array}
$$

$B_{B,C}=\max\{2,\ 4,\ 3,\ 4,\ -9\}=4(天)$

③求 $B_{C,D}$。

$$
\begin{array}{r}
1\quad 4\quad 6\quad 9\ \\
-\quad\ \ 2\quad 6\quad 9\quad 10 \\
\hline
1\quad 2\quad 0\quad 0\ \ -10
\end{array}
$$

$B_{C,D}=\max\{1,\ 2,\ 0,\ 0,\ -10\}=2(天)$

2)流水工期计算。

$$
T_{L}=\sum B_{i,i+1}+T_{n}=3+4+2+10=19(天)
$$

根据计算的流水参数绘制施工进度计划表，如图 2-11 所示。

(4)非节奏流水施工的组织及适用范围。组织非节奏流水施工的基本要求与异节拍流水相同，即要保证各施工过程之间的工艺顺序合理，各施工班组在施工段之间尽可能连续施工，在不得有两个或多个施工班组在同一个施工段上交叉作业的条件下，最大限度地组织平行搭接施工，以缩短工期。

非节奏流水施工适用于各种不同结构性质和规模的工程施工组织，由于它不像有节奏流水施工那样有一定的时间规律约束，在进度安排上比较灵活、自由，适用于分部工程和单位工程及大型建筑群的流水施工，是流水施工中应用最多的一种方式。

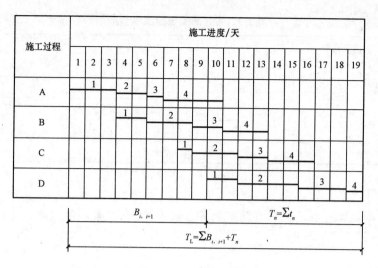

图 2-11　非节奏流水施工

复习思考题

1. 组织流水施工需要具备哪些条件?

2. 组织施工有哪几种表示方式? 各自有哪些特点?

3. 流水施工中, 主要参数有哪些?

4. 试述流水施工组织方式的特点。

5. 流水施工分为哪几类?

6. 流水节拍的确定应考虑哪些因素?

7. 试述划分流水段的要求。

8. 流水施工按节拍特征不同可分为哪几种方式? 各有什么特点?

9. 某工程有 A、B、C、D 四个施工过程, 每个施工过程均划分为四个施工段。设 $t_A = 2$ 天, $t_B = 3$ 天, $t_C = 4$ 天, $t_D = 1$ 天。试分别计算依次施工、平行施工及流水施工的工期, 并绘出各自的施工进度计划。

10. 已知某工程任务划分为五个施工过程, 分五段组织流水施工, 流水节拍均为 3 天, 在第二个施工过程结束后有 2 天技术间歇时间。试计算其工期并绘制进度计划。

11. 在各施工段上的流水节拍见表 2-4。规定 A 完成后有 1 天的技术间歇时间, B 完成后有 1 天的组织间歇时间, C 与 D 之间有 1 天的平行搭接时间, 按无节奏流水施工方式组织施工, 试编制其横道图。

表 2-4　某施工段的流水节拍

工序 ＼ 施工段	①	②	③	④
A	1	2	3	1
B	2	2	3	3
C	3	2	2	1
D	2	3	1	3

12. 某工程有 A、B、C 三个施工过程，平面上划分成三个施工段，每个施工过程在各施工段上的流水节拍见表 2-5。规定 A 完成后有 1 天的技术间歇时间，B 与 C 之间有 1 天的平行搭接时间，按无节奏流水施工方式组织施工，试编制其流水施工方案，进度表工作日的时间间隔取 1 天。

表 2-5　某施工段的流水节拍

工序 ＼ 施工段	①	②	③
A	1	2	3
B	2	2	3
C	3	2	1

第三章　网络计划技术基础

内容提要

　　网络计划技术是一种科学的计划管理方法。它是随着现代科学技术和工业生产的发展而产生的。20世纪50年代，为了适应科学研究和新的生产组织管理的需要，国外陆续出现了一些计划管理的新方法。由于这种方法逻辑严密，主要矛盾突出，主要用于进度计划编制和实施控制，有利于计划的优化、调整及电子计算机的应用。因此，在缩短建设工期、提高施工效率及提高管理水平等方面有显著的效果。

　　本章介绍了网络计划技术的基本概念；双代号网络图的绘制方法及时间参数的计算；单代号网络图的绘制方法及时间参数的计算；时标网络计划的绘制方法。通过学习本章的内容，能完成实际工程中进度计划的编制和运用。

知识目标

　　1. 了解网络计划技术概述，网络计划技术的分类和特点。

　　2. 掌握双代号网络计划、双代号时标网络计划、单代号网络计划的绘制方法。

　　3. 掌握双代号网络计划、双代号时标网络计划、单代号网络计划时间参数的计算。

能力目标

　　1. 能理解网络计划的含义，读懂进度计划的意义。

　　2. 能根据施工图纸及相关资料制订工程的进度计划。

　　3. 能根据进度计划解决实际问题。

学习建议

　　1. 网络计划和横道进度计划是施工中进度控制的主要手段，学习过程中应注意二者之间的联系和区别。

　　2. 网络计划已经普遍运用计算机进行绘制，应了解相关绘制软件。

　　3. 建议和相关课程结合学习相关知识点。

　　4. 识读相应的地方或国家标准图集及相关定额。

第一节 概述

一、网络计划基本原理及特点

1. 基本概念

(1)网络图。网络图是指由箭线和节点组成的，用来表示工作流程的有向、有序的网状图形。

(2)网络计划。网络计划是指运用网络图模型表达任务构成、工作顺序并加注工作时间参数的进度计划。

(3)网络计划技术。网络计划技术是指运用网络的基本理论来分析和解决计划管理问题的一种科学方法。

网络计划能够明确地反映出各项工作之间错综复杂的逻辑关系，通过网络计划时间参数的计算，可以找出关键工作和关键线路；通过网络计划时间参数的计算，可以明确各项工作的机动时间；网络计划可以利用计算机进行计算。

2. 基本原理

(1)绘制施工网络图，表达各工作先后顺序和逻辑关系。

(2)通过计算找出关键工作及关键线路。

(3)选择目标进行网络计划优化，并付诸实施。

(4)在执行过程中进行有效的控制和监督。

在建筑施工中，网络计划方法主要用来编制企业生产计划和工程施工进度计划，并对计划进行优化、调整和控制，以达到缩短工期、提高工效、降低成本、增加经济效益的目的。

3. 网络计划的特点

(1)网络计划的优点。

1)能明确地反映各个施工过程之间的逻辑性关系。

2)便于进行各种时间参数计算，有助于定量分析。

3)能找出决定工程进度的关键工作，便于抓住主要矛盾。

4)可以利用某些施工过程的机动时间，调配人力、物力、财力，达到降低成本的目的。

5)可以用计算机对复杂的计划进行计算、调整与优化，实现计划管理的科学化。

(2)网络计划的缺点。

1)与横道进度计划相比，不直观，无法从图上看出流水作业的情况。

2)绘图较复杂，无法依据网络计划来统计资源需要量，但是时标网络计划可以克服此缺点。

3)无法在图中找出各项工作的起止时间、持续时间、工作进度、总工期。

4)编制较难,绘制较复杂。

二、网络计划技术的分类

1. 按目标分类

按计划目标的多少,网络计划可分为单目标网络计划和多目标网络计划。

(1)单目标网络计划。只有一个终点节点的网络计划称单目标网络计划,如图 3-1 所示。

(2)多目标网络计划。终点节点不止一个的网络计划称多目标网络计划,如图 3-2 所示。

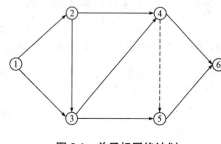

图 3-1　单目标网络计划

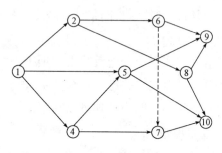

图 3-2　多目标网络计划

2. 按层次分类

按网络计划的工程对象不同和使用范围大小,网络计划可分为单位工程网络计划、综合网络计划和局部网络计划。

(1)单位工程网络计划。以一个单位工程为对象编制的网络计划称为单位工程网络计划。

(2)综合网络计划。以一个建筑项目或建筑群为对象编制的网络计划称为综合网络计划。

(3)局部网络计划。以一个分部工作或施工段为对象编制的网络计划称为局部网络计划。

3. 按表达方式分类

按计划时间的表达不同,网络计划可分为时标网络计划和非时标网络计划。

(1)时标网络计划。以时间坐标为尺度绘制的网络计划称为时标网络计划,如图 3-3 所示。

(2)非时标网络计划。不按时间坐标绘制的网络计划称为非时标网络计划,如图 3-4 所示。

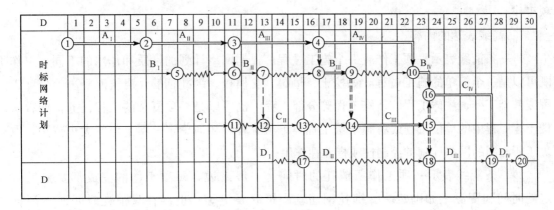

图 3-3　时标网络计划

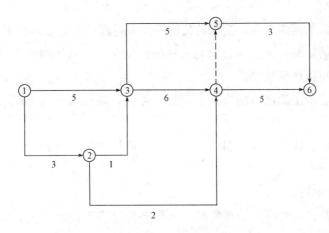

图 3-4　非时标网络计划

第二节　双代号网络图

双代号网络图是由若干表示工作的箭线和节点组成的，其中，每一项工作都用一根箭线和箭线两端的两个节点来表示，箭线两端节点的号码即代表该箭线所表示的工作，"双代号"的名称由此而来(图 3-4 即为双代号网络图)。双代号网络图是目前国际工程项目计划中最常用的网络计划形式。

一、双代号网络图的组成

双代号网络图的基本三要素是箭线、节点和线路。

1. 箭线

网络图中一端带箭头的实线称为箭线。在双代号网络图中，它与其两端的节点表示一项工作。

(1)箭线表达的内容。

1)一条箭线表示一项工作或一个施工过程。根据网络计划的性质和作用的不同，工作既可以是一个简单的施工过程，如挖土、垫层、支模板、绑扎钢筋、浇筑混凝土等分项工程或基础工程、主体工程、装修工程等分部工程，也可以是一项复杂的工程任务，如教学楼土建工程中的单位工程或者教学楼工程等单项工程。如何确定一项工作的大小范围，取决于所绘制的网络计划的控制性或指导性作用。

2)一条箭线表示一项工作所消耗的时间。一般来说，每项工作的完成都要消耗一定的时间和资源，如砌砖墙、绑扎钢筋、浇筑混凝土等；也存在只消耗时间而不消耗资源的工作，如混凝土养护、砂浆找平层干燥等技术问题，有时可以作为一项工作考虑。

3)在无时间坐标的网络图中，箭线的长度不代表时间的长短，画图时原则上是任意的，但必须满足网络图的绘制规则。在有时间坐标的网络图中，其箭线的长度必须根据完成该项工作所需时间长短按比例绘制。

4)箭线的方向表示工作进行的方向和前进的路线，箭尾表示工作的开始，箭头表示工作的结束。

5)箭线可以画成直线、折线和斜线。必要时，箭线也可以画成曲线，但应以水平直线为主，一般不宜画成垂直线。

(2)箭线(工作)的种类。

1)实工作：需要占用时间，消耗资源，工作名称写在箭线的上方，而消耗的时间则写在箭线的下方，如图 3-5 所示。

2)虚工作：是实际工作中不存在的一项虚设工作，因此一般不占用资源，不消耗时间，如图 3-6 所示。

图 3-5　实工作　　　　　　　　　图 3-6　虚工作

虚工作的作用如下：

①联系作用。用虚箭线将有组织联系或工艺联系的相关工作连接起来，以确保各工作的逻辑关系，如图 3-7 所示。

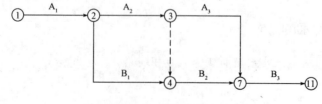

图 3-7　联系作用

图中引入虚箭线，B_2 工作的开始将受到 A_2 和 B_1 两项工作的制约。

②区分作用。双代号网络图中，以两个代号表示一项工作，对于同时开始、同时结束的两个平行工作的表达，需引入虚工作以示区别，如图3-8所示。

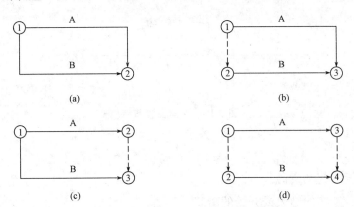

图3-8　区分作用

(a)错误；(b)正确；(c)正确；(d)多余虚工作

③断路作用。某基础工程挖基槽、垫层、基础、回填土四项工作的流水施工网络图。该网络图中出现了挖$_2$与基$_1$，垫$_2$与填$_1$，挖$_3$与基$_2$、填$_1$，垫$_3$与填$_2$等四处把并无联系的工作联系上了，即出现了多余联系的错误，如图3-9所示。

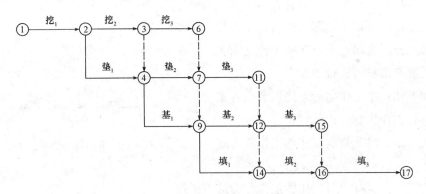

图3-9　断路作用

2. 节点

节点是指网络图的箭杆进入或引出处带有编号的圆圈。它表示其前面若干项工作的结束或表示其后面若干项工作的开始。

(1)节点表达的内容有以下几个方面：

1)节点表示前面工作结束和后面工作开始的瞬间，所以节点不需要消耗时间和资源。

2)箭线的箭尾节点表示该工作的开始，箭线的箭头节点表示该工作的结束。

3)根据节点在网络图中的位置不同可以分为起点节点、终点节点和中间节点。起点节点是网络图的第一个节点，表示一项任务的开始。终点节点是网络图的最后一个节点，表示一项任务的完成。除起点节点和终点节点外的节点称为中间节点，中间节点具有双重的含义，既是前面工作的箭头节点，也是后面工作的箭尾节点，如图3-10所示。

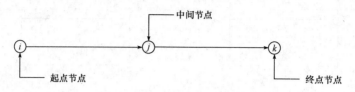

图 3-10 不同位置节点

（2）节点的特点：

1）节点不消耗时间和资源。

2）节点标志着工作的结束或开始的瞬间。

3）两个节点编号表示一项工作。

（3）节点与工作间的关系。工作的先后关系与中间节点存在一定逻辑关系，如图3-11所示。

1）紧前工作：一个工作或几个工作完成后本工作才能开始，即制约本工作开始的工作为紧前工作。

2）紧后工作：紧后工作是紧排在本工作之后的工作。

3）平行工作：与本工作同时进行的工作称为平行工作。

4）先行工作：自起点节点至本工作之前各条线路上的所有工作为先行工作。

5）后续工作：本工作之后至终点节点各条线路上的所有工作为后续工作。

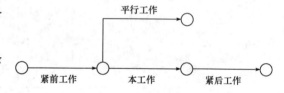

图 3-11 节点与工作间的关系

6）起始工作：没有紧前工作的工作称为起始工作。

7）结束工作：没有紧后工作的工作称为结束工作。

如图3-12所示，$i-j$ 工作为本（研究）工作，$h-i$ 工作为 $i-j$ 工作的紧前工作，$j-k$ 工作为 $i-j$ 工作的紧后工作，$i-j$ 工作之前的所有工作为先行工作，$i-j$ 工作之后的所有工作为后续工作。

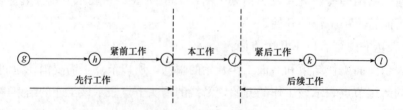

图 3-12 中间节点与工作的先后关系

(4)节点编号：在网络图中每个节点均有独自的编号，编号以阿拉伯数字编排，从起点节点开始向终点节点从小到大编排。

1)节点编号的目的：

①便于网络图时间参数的计算。

②便于检查或识别各项工作。

2)节点编号的原则：

①不允许重复编号。

②箭尾编号必须小于箭头编号，即：$i<j$。

3)节点编号的方法：

①根据节点编号的方向不同，可分为沿水平方向编号法和沿垂直方向编号法。

②根据节点编号的数字是否连续，可分为连续编号法和不连续编号法。

3. 线路

网络图中从起点节点开始，沿箭头方向顺序通过一系列箭线与节点，最后达到终点节点的通路称为线路。一个网络图中，从起点节点到终点节点，一般都存在着许多条线路，每条线路都包含若干项工作，这些工作的持续时间之和就是该线路的时间长度，即线路上总的工作的持续时间。

(1)关键线路和非关键线路。在关键线路(含双代号网络图)中，线路上总持续时间最长的线路为关键线路。关键线路是工作控制的重点线路。关键线路用双线或红线标示，关键线路的总持续时间就是网络计划的工期。

在网络计划中，关键线路条数至少有一条，而且在计划执行过程中，关键线路还会发生转移。不是关键线路的线路称为非关键线路。

(2)关键工作和非关键工作。关键线路上的工作称为关键工作，是施工中重点控制对象，关键工作的实际进度拖后一定会对总工期产生影响。不是关键工作的工作称为非关键工作。非关键工作有一定的机动时间。

关键线路上的工作一定没有非关键工作；非关键线路上至少有一个工作是非关键工作，可能有关键工作，也可能没有关键工作。

某双代号网络计划，如图3-13所示，线路总持续时间见表3-1。

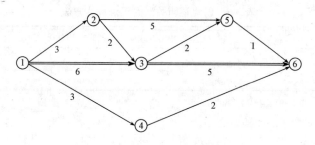

图3-13　某双代号网络计划

表 3-1　线路总持续时间

序号	线路	线路长度	关键线路
1	1—2—5—6	$L_1=3+5+1=9$	
2	1—2—3—5—6	$L_2=3+2+2+1=8$	
3	1—2—3—6	$L_3=3+2+5=10$	
4	1—3—6	$L_4=6+5=11$	11
5	1—3—5—6	$L_5=6+2+1=9$	
6	1—4—6	$L_6=3+2=5$	

二、双代号网络图的绘制

1. 双代号网络图绘制要求

正确绘制双代号网络图是网络计划方法应用的关键。绘制双代号网络图必须做到：正确表示各种逻辑关系、遵守绘图的基本原则、选择恰当的绘图排列方法。

(1)逻辑关系。逻辑关系是指网络计划中所表示的各个工作之间的先后关系，一般包括工艺逻辑关系和组织逻辑关系。

1)工艺逻辑关系。工艺逻辑关系是指由施工工艺和操作规程所决定的各个工作之间客观存在的先后施工顺序。对于一个具体施工项目来说，当确定了施工方法以后，该项目的施工顺序一般是固定的，有的是绝对不能颠倒的。例如，预制柱子的施工顺序是先支模板，再绑钢筋，最后浇筑混凝土，而现浇混凝土柱子的施工顺序一般为绑钢筋、支模板、浇筑混凝土。

2)组织逻辑关系。组织逻辑关系是指施工组织安排中，考虑劳动力、机械、材料和工期等因素，在主观上安排的先后施工顺序。这种关系不受施工工艺的限制，不是工程性质决定的，而是在保证施工质量、安全和工期等条件下，人为确定的施工顺序。例如，挖土工作的施工流程，从何处开始、向哪里进行，室内外装饰工程之间的顺序，从工艺上讲没有一定的制约关系，一般由施工组织者根据具体条件而确定。

常见逻辑关系的正确表达方法见表 3-2。

表 3-2　常见逻辑关系的正确表达方法

序号	逻辑关系	双代号网络图表达方式
1	A 完成后进行 B，B 完成后进行 C	
2	A 完成后进行 B 和 C	

序号	逻辑关系	双代号网络图表达方式
3	A、B 完成后进行 C	
4	A、B 完成后进行 C、D	
5	A 完成后将进行 C，A、B 完成后进行 D	
6	A、B 完成后进行 D，A、B、C 均完成后进行 E，D、E 完成后进行 F	
7	A、B 完成后进行 C，B、D 完成后进行 E	
8	A 完成后进行 C、D，B 完成后进行 D、E	

序号	逻辑关系		双代号网络图表达方式
9	A、B、C向工作，分三段施工	工艺顺序按水平方向排列	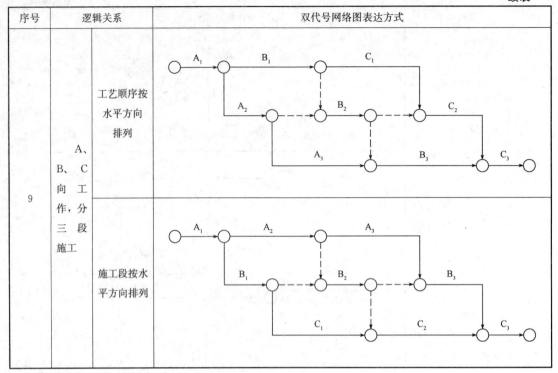
		施工段按水平方向排列	

（2）绘图基本原则。

1）网络图必需按照已定的逻辑关系绘制，即网络图所表达的逻辑关系与所要求逻辑关系要完全一致，不能多，也不能少，更不能错。

2）网络图严禁出现循环回路，如图 3-14 所示，②→③→⑤→④→②为循环回路。如果出现循环回路，会造成逻辑关系混乱，使工作无法按顺序进行。

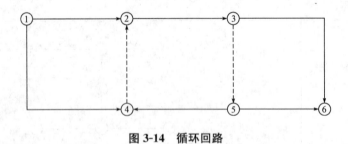

图 3-14 循环回路

3）严禁出现有双向箭头或无箭头的"连线"，如图 3-15 所示。

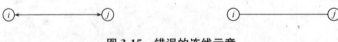

图 3-15 错误的连线示意

4）网络图中严禁出现没有箭尾节点的箭线和没有箭头节点的箭线，如图 3-16 所示。

图 3-16　错误箭线示意

5)当网络图的起点节点有多条外向箭线或终点节点有多条内向箭线时，为使图形整洁，可应用母法线绘图。使多条箭线经共用的母线线段，从起点节点引出，或使多条箭线经一条共用的母线线段引入终点节点，如图 3-17 所示。

图 3-17　母法线绘图

注意当箭线线形不同(粗线、细线、虚线、点画线或其他线型)可能导致误解时，不得用母法线。

6)绘制网络图时，应避免箭线交叉。当交叉不可避免时，可采用过桥法、断线法、指向法等表示，如图 3-18 所示。

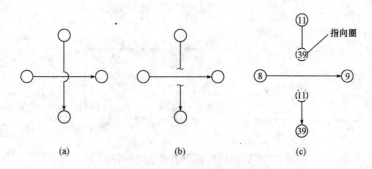

图 3-18　交叉网络图的绘制
(a)过桥法；(b)断线法；(c)指向法

其中，指向法中的指向圈必须用虚线绘制，其常用于跨越较多的线路。

7)网络图中，只允许有一个起点节点和一个终点节点。

8)一条箭线上箭尾节点编号应小于箭头节点编号。

(3)网络图的排列与连接。

1)网络图的排列。

①工艺顺序按水平方向排列：这种方法是把各工作的工艺顺序按水平方向排列，施工段按垂直方向排列，如图 3-19 所示。

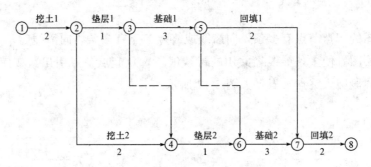

图 3-19　工艺顺序的网络图排列

②施工段按水平方向排列：这种方法是把施工段按水平方向排列，工艺顺序按垂直方向排列，如图 3-20 所示。

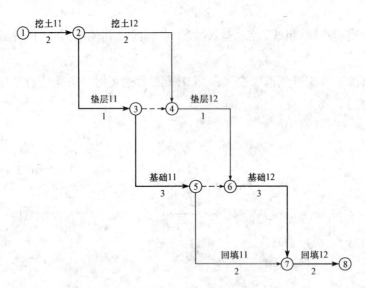

图 3-20　施工段的网络图排列

2)网络图的连接。编制一个单位工程的网络图时，由于项目较多，一般先绘制各分部工程的网络图，然后再根据逻辑关系进行各网络块的连接，形成一个整体的网络图。

如图 3-21 所示分别为某工程的基础、主体和装修三个分部工程局部网络图连接而成的总体网络图。

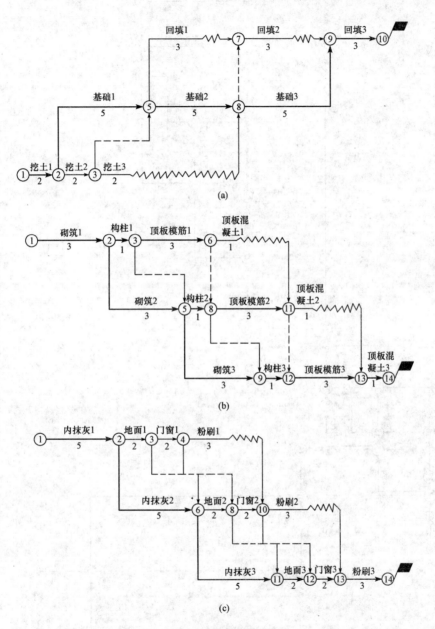

图 3-21　某工程总体网络图

（a）基础分部网络图；（b）主体分部网络图；（c）装修分部网络图

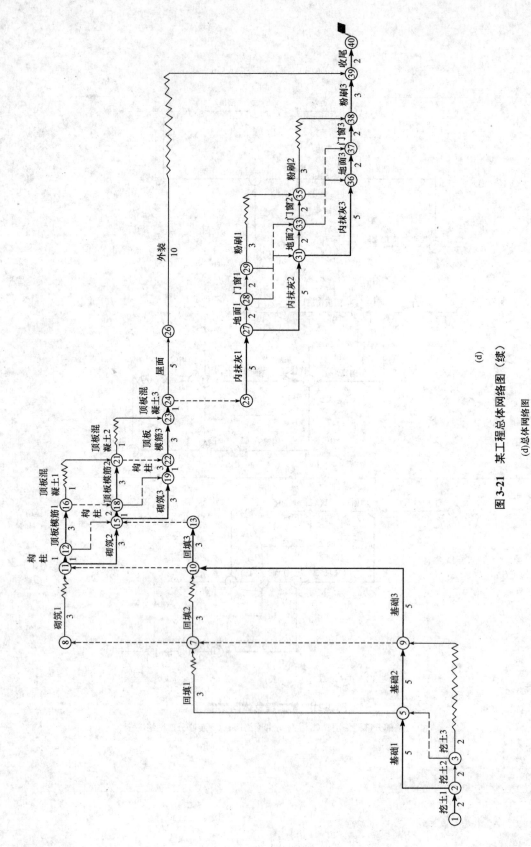

图 3-21　某工程总体网络图（续）

(d).总体网络图

2. 绘制双代号网络图应注意的问题

(1)层次分明、重点突出。网络图的排列应有规律，关键线路应布置在图的中间，工作位置布局合理，避免箭线交叉。

(2)构图形式简单、易懂。绘制网络图时，应以水平箭线为主，竖线为辅，尽量不用曲线。

(3)正确使用虚箭线。绘制双代号网络图时，虚箭线的使用非常重要，它的作用有两个方面，一是短路的作用，即将多余的逻辑关系断开；二是连接的作用，即将应有的逻辑关系传递过去。这些内容在前面练习中均有体现，建议自己总结一下。

另外，虚箭线的使用应以必不可少为原则，即在能正确表达逻辑关系的前提下，不应有多余的虚箭线，否则将增加计算工作量。

3. 双代号网络图绘制方法

(1)没有紧前工作的工作箭线，具有相同开始节点。

(2)绘制所有紧前工作都已绘制出来的工作箭线。

1)单项紧前工作。

①有仅有一个专一紧前工作。

②有仅有一个非专一的紧前工作。

2)多项紧前工作。

①存在一项专一紧前工作。

②存在多项专一紧前工作，合并节点虚箭线连接其余非专一紧前工作。

③没有专一紧前工作，用虚箭线避免错误的逻辑关系。

(3)合并没有紧后工作的箭线至终点节点。

(4)节点编号。

三、双代号网络图应用举例

已知各项工作之间的逻辑关系(表 3-3)，试绘制双代号网络图。

表 3-3　逻辑关系

工作	A	B	C	D	E
紧前工作	—	—	A	A、B	B

(1)没有紧前工作的工作箭线，具有相同开始节点，如图 3-22(a)所示。

(2)绘制所有紧前工作都已绘制出来的工作箭线。

1)单项紧前工作，如图 3-22(b)所示。

2)多项紧前工作，如图 3-22(c)所示。

(3)合并没有紧后工作的箭线至终点节点，如图 3-22(d)所示。

(4)节点编号，如图 3-22(e)所示。

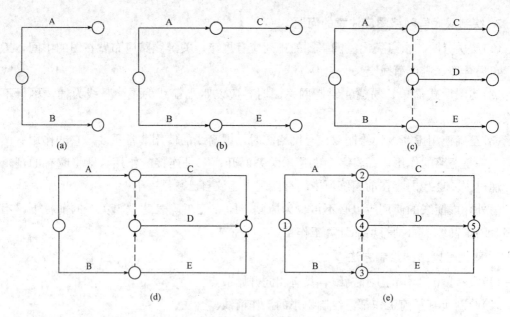

图 3-22 双代号网络图

第三节 双代号网络计划时间参数

网络计划是在网络图上加注各项工作的时间参数而成的进度计划。双代号网络计划的编制和时间参数的计算常采用工作计算法、节点计算法、标号法和时标网络计划。

一、网络计划时间参数的概念

网络计划是在网络图上加注各项工作的时间参数而成的进度计划。双代号网络计划的编制和时间参数的计算常采用工作计算法、节点计算法、标号法和时标网络计划。

1. 双代号网络计划时间参数

网络计划是在网络图上加注各项工作的时间参数而成的进度计划,是一种进度安排的定量分析。

(1)网络计划时间参数计算的目的如下:

1)通过计算时间参数,可以确定工期。

2)通过计算时间参数,可以确定关键线路、关键工作、非关键线路和非关键工作。

3)通过计算时间参数,可以确定非关键工作的机动时间(时差)。

(2)网络计划的时间参数有以下几项:

1)工作最早时间参数。最早时间参数表明是本工作与紧前工作的关系,如果本工作要提前的话，不能提前到紧前工作未完成之前，这样就整个网络图而言，最早时间参数受到开始节点的制约，计算时，从开始节点出发，顺着箭线用加法。

①最早开始时间：在紧前工作约束下，工作有可能开始的最早时刻。

②最早完成时间：在紧前工作约束下，工作有可能完成的最早时刻。

2)工作最迟时间参数。最迟时间参数表明本工作与紧后工作的关系，如果本工作要推迟的话，不能推迟到紧后工作最迟必须开始之后，这样就整个网络图而言，最迟时间参数受到紧后工作和结束节点的制约，计算时从结束节点出发，逆着箭线用减法。

①最迟开始时间：在不影响任务按期完成或要求的条件下，工作最迟必须开始的时刻。

②最迟完成时间：在不影响任务按期完成或要求的条件下，工作最迟必须完成的时刻。

如图 3-23 所示的 $i-j$ 工作的工作范围，反映最早和最迟时间参数。

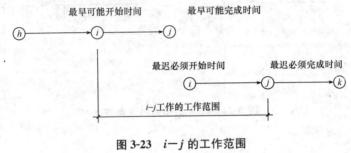

图 3-23　$i-j$ 的工作范围

3)时差。

①总时差。总时差是指不影响紧后工作最迟开始时间所具有的机动时间，或不影响工期前提下的机动时间。

②自由时差。自由时差是指在不影响紧后工作最早开始时间的前提下工作所具有的机动时间。

4)工期。工期是指完成一项任务所需要的时间，在网络计划中工期一般有以下三种：

①计算工期 T_c：计算工期是根据网络计划计算而得的工期，用 T_c 表示。

②要求工期 T_r：要求工期是根据上级主管部门或建设单位的要求而定的工期，用 T_r 表示。

③计划工期 T_p：计划工期是根据要求工期和计算工期所确定的作为实施目标的工期，用 T_p 表示。

a. 当规定了要求工期时，计划工期不应超过要求工期，即

$$T_p \leqslant T_r \tag{3-1}$$

b. 当未规定要求工期时，可令计划工期等于计算工期，即

$$T_p = T_c \tag{3-2}$$

2. 工作时间参数的表示

(1)最早可能开始时间：ES_{i-j}。

(2)最早可能完成时间：EF_{i-j}。

(3)最迟必须开始时间：LS_{i-j}。

(4)最迟必须完成时间：LF_{i-j}。

(5)总时差：TF_{i-j}。

(6)自由时差：FF_{i-j}。

(7)工作持续的时间：D_{i-j}。

如图 3-24 所示，反映 $i-j$ 工作的时间参数。

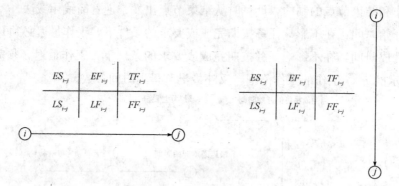

图 3-24 $i-j$ 工作的时间参数

二、双代号网络计划时间参数的计算

1. 工作计算法

工作计算法就是以网络计划中的工作为对象，直接计算各项工作的时间参数。下面以图 3-25 所示的网络图为例说明其各项工作时间参数的具体计算步骤。

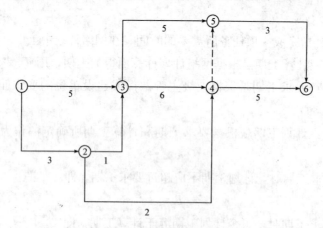

图 3-25 某双代号网络图

(1)计算各工作最早时间。

1)计算各工作最早开始时间。

①当工作与起始节点相连，无紧前工作，即

$$ES_{i-j}=0 \tag{3-3}$$

②当工作只有一项紧前工作时，该工作最早开始时间应为其紧前工作的最早完成时间，即

$$ES_{i-j}=EF_{h-i} \tag{3-4}$$

式中，工作 $h-i$ 为工作 $i-j$ 的紧前工作。

③有若干项紧前工作时：该工作的最早开始时间应为其所有紧前工作的最早完成时间的最大值，即

$$ES_{i-j}=\max\{EF_{a-i},\ EF_{b-i},\ EF_{c-i}\} \tag{3-5}$$

式中，工作 $a-i$、$b-i$、$c-i$ 均为工作 $i-j$ 的紧前工作。

2)计算各工作最早完成时间。工作最早完成时间为工作 $i-j$ 的最早开始时间加其作业时间，即

$$EF_{i-j}=ES_{i-j}+D_{i-j} \tag{3-6}$$

如图 3-25 所示的网络图中，各工作最早开始时间和最早完成时间计算如下：

$ES_{1-2}=ES_{1-3}=0,\ EF_{1-2}=ES_{1-2}+D_{1-2}=0+2=2$

$EF_{1-3}=ES_{1-3}+D_{1-3}=0+5=5,\ ES_{2-3}=EF_{1-2}=2,\ ES_{2-4}=EF_{1-2}=2$

$EF_{2-3}=ES_{2-3}+D_{2-3}=2+2=4,\ EF_{2-4}=ES_{2-4}+D_{2-4}=2+2=4$

$ES_{3-4}=ES_{3-5}=\max\{EF_{1-3},\ EF_{2-3}\}=\max\{5,\ 4\}=5$

$EF_{3-4}=ES_{3-4}+D_{3-4}=5+6=11,\ EF_{3-5}=ES_{3-5}+D_{3-5}=5+5=10$

$ES_{4-5}=ES_{4-6}=\max\{EF_{3-4},\ EF_{2-4}\}=\max\{11,\ 4\}=11$

$EF_{4-5}=ES_{4-5}+D_{4-5}=11+0=11,\ EF_{4-6}=ES_{4-6}+D_{4-6}=11+5=16$

$ES_{5-6}=\max\{EF_{3-5},\ EF_{4-5}\}=\max\{10,\ 11\}=11,\ EF_{5-6}=ES_{5-6}+D_{5-6}=11+3=14$

各工作最早开始时间和最早完成时间的计算结果如图 3-26 所示。

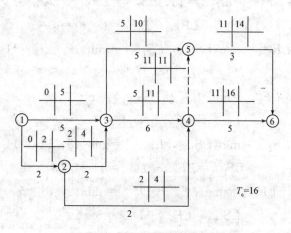

图 3-26　网络计划的计划工期

(2)确定网络计划的计划工期。网络计划的计划工期应按式(3-1)或式(3-2)确定。在上例中，

假设未规定要求工期时，网络计划的计划工期应等于计算工期，即以网络计划的终点节点为完成节点的各个工作的最早完成时间的最大值。如图 3-26 所示，网络计划的计划工期为

$$T_p = T_e = \max\{EF_{5-6}, EF_{4-6}\} = \max\{14, 16\} = 16$$

（3）计算最迟时间参数。最迟时间参数表明本工作与紧后工作的关系，如果本工作要推迟的话，不能推迟到紧后工作最迟必须开始之后，这样就整个网络图而言，最迟时间参数受到紧后工作和结束节点的制约。因而，计算顺序为：由终点节点开始逆着箭线方向算至起始节点，用减法。

1）计算各工作最迟完成时间 LF_{i-j} 有以下三种情况：

①对所有进入终点节点的没有紧后工作的工作，最迟完成时间为

$$LF_{i-n} = T_p \tag{3-7}$$

②当工作只有一项紧后工作时，该工作最迟完成时间应当为其紧后工作的最迟开始时间，即

$$LF_{i-j} = LS_{j-k} \tag{3-8}$$

式中，工作 $j-k$ 为工作 $i-j$ 的紧后工作。

③当工作有若干项紧后工作时，最快完成时间为

$$LF_{i-j} = \min\{LS_{j-k}, LS_{j-i}, LS_{j-m}\} \tag{3-9}$$

式中，工作 $j-k$、$j-l$、$j-m$ 均为工作 $i-j$ 的紧后工作。

2）计算各工作的最迟开始时间（LS_{i-j}）：

$$LS_{i-j} = LF_{i-j} - D_{i-j} \tag{3-10}$$

如图 3-25 所示的网络图中，各工作的最迟完成时间和最迟开始时间计算如下：

$$LF_{4-6} = LF_{5-6} = T_c = 16, \quad LS_{4-6} = LF_{4-6} - D_{4-6} = 16 - 5 = 11$$

$$LS_{5-6} = LF_{5-6} - D_{5-6} = 16 - 3 = 13$$

$$LF_{3-5} = LF_{4-5} = LS_{5-6} = 13, \quad LS_{3-5} = LF_{3-5} - D_{3-5} = 13 - 5 = 8$$

$$LS_{4-5} = LF_{4-5} - D_{4-5} = 13 - 0 = 13$$

$$LF_{3-4} = \min\{LS_{4-5}, LS_{4-6}\} = \min\{13, 11\} = 11$$

$$LS_{3-4} = LF_{3-4} - D_{3-4} = 11 - 6 = 5$$

$$LF_{2-3} = \min\{LS_{3-4}, LS_{3-5}\} = \min\{5, 8\} = 5$$

$$LS_{2-3} = LF_{2-3} - D_{2-3} = 5 - 2 = 3$$

$$LF_{2-4} = \min\{LS_{4-5}, LS_{4-6}\} = \min\{13, 11\} = 11$$

$$LS_{2-4} = LF_{2-4} - D_{2-4} = 11 - 2 = 9$$

$$LF_{1-3} = \min\{LS_{3-4} - D_{3-5}\} = \min\{5, 8\} = 5$$

$$LS_{1-3} = LF_{1-3} - D_{1-3} = 5 - 5 = 0$$

$$LF_{1-2} = \min\{LS_{2-3}, LS_{2-4}\} = \min\{3, 9\} = 3$$

$$LS_{1-2} = LF_{1-2} - D_{1-2} = 3 - 2 = 1$$

各工作的最迟完成时间和最迟开始时间的计算结果的网络计划，如图 3-27 所示。

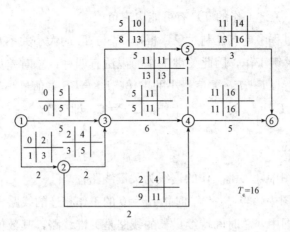

图 3-27　网络计划

(4)各工作总时差的计算。

1)总时差的计算方法。在图 3-28 中，工作 $i-j$ 的工作范围为 $LF_{i-j}-ES_{i-j}$，则总时差的计算公式为

$$TF_{i-j}=工作范围-D_{i-j}=LF_{i-j}-ES_{i-j}-D_{i-j}$$
$$=LF_{i-j}-EF_{i-j}或 LS_{i-j}-ES_{i-j} \tag{3-11}$$

图 3-25 中，部分工作的总时差计算如下，总时差计算结果如图 3-29 所示。

$$TF_{1-2}=LS_{1-2}-ES_{1-2}=LF_{1-2}-EF_{1-2}=1$$
$$TF_{1-3}=LS_{1-3}-ES_{1-3}=LF_{1-3}-EF_{1-3}=0$$
$$TF_{4-5}=LS_{4-5}-ES_{4-5}=LF_{4-5}-EF_{4-5}=2$$

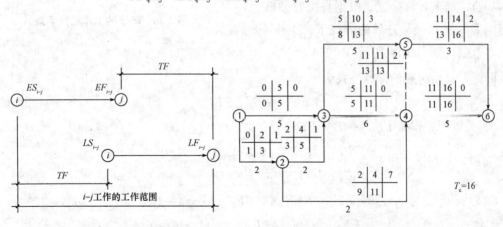

图 3-28　总时差网络图　　　　图 3-29　总时差网络计划

2)关于总时差的结论。

①关键工作的确定。根据 T_p 与 T_c 的大小关系，关键工作的总时差可能出现三种情况：

a. 当 $T_p=T_c$ 时，关键工作的 $TF=0$；

b. 当 $T_p>T_c$ 时，关键工作的 TF 均大于 0；

c. 当 $T_p<T_c$ 时，关键工作的 TF 有可能出现负值。

关键工作是施工过程中重点控制对象，根据 T_p 与 T_c 的大小关系及总时差的计算公式，总时差最小的工作为关键工作，因此关键工作的说法有四种：总时差最小的工作；当 $T_p=T_c$ 时，$TF=0$ 的工作；$LF-EF$ 差值最小的工作；$LS-ES$ 差值最小的工作。

如图 3-29 中，当 $T_p=T_c$ 时，关键工作的 $TF=0$，即工作①→③、工作③→④、工作④→⑥等是关键工作。

②关键线路的确定。

a. 在双代号网络图中，关键工作的连线为关键线路；

b. 在双代号网络图中，当 $T_p=T_c$ 时，$TF=0$ 的工作相连的线路为关键线路；

c. 在双代号网络图中，总时间持续最长的线路是关键线路，其数值为计算工期。

如图 3-29 中，关键线路为①→③→④→⑥。

③关键线路随着条件变化会转移。

a. 定性分析：关键工作拖延，则工期拖延。因此，关键工作是重点控制对象。

b. 定量分析：关键工作拖延时间即为工期拖延时间，但关键工作提前，则工期提前时间不大于该提前值。如关键工作拖延 10 天，则工期延长 10 天；关键工作提前 10 天，则工期提前不大于 10 天。

关键线路的条数：网络计划至少有一条关键线路，也可能有多条关键线路。随着工作时间的变化，关键线路也会发生变化。

(5)自由时差的计算。

1)自由时差计算公式。根据自由时差概念，不影响紧后工作最早开始的前提下，工作 $i-j$ 的工作范围，如图 3-30 所示。

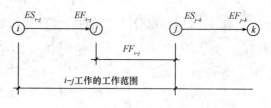

图 3-30 $i-j$ 的工作范围示意

因此，自由时差的计算公式为

$$FF_{i-j}=ES_{j-k}-EF_{i-j} \qquad (3-12)$$

(当无紧后工作时 $FF_{i-n}=T_p=EF_{i-n}$)

$$FF_{1-2}=ES_{2-3}-EF_{1-2}=2-2=0$$
$$FF_{1-3}=ES_{3-4}-EF_{1-3}=5-5=0$$
$$FF_{2-3}=ES_{3-4}-EF_{2-3}=5-4=1$$
$$FF_{4-5}=ES_{5-6}-EF_{4-5}=11-11=0$$
$$FF_{4-6}=T_p-EF_{4-6}=T_c-EF_{4-6}=16-16=0$$
$$FF_{5-6}=T_p-EF_{5-6}=T_c-EF_{5-6}=16-14=2$$

各工作自由时差的计算结果如图 3-31 所示。

2)自由时差的性质。

①自由时差是线路总时差的分配，一般自由时差小于等于总时差，即

$$FF_{i-j} \leqslant TF_{i-j} \tag{3-13}$$

②在一般情况下，非关键线路上的工作的自由时差之和等于该线路上可供利用的总时差的最大值。如图 3-31 所示，非关键线路①→②→④→⑥上可供利用的总时差为 7，被 1－2 工作利用为 0，被 2－4 工作利用为 7。

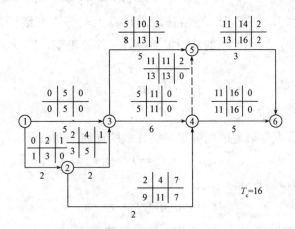

图 3-31　网络计划的工作计算结果

③自由时差本工作可以利用，不属于线路所共有。

2. 节点计算法

所谓节点计算法，就是先计算网络计划中各个节点的最早时间和最迟时间，然后再据此计算各项工作的时间参数和网络计划的计算工期。计算中，一般用 ET_i 表示 i 节点的最早时间，用 LT_i 表示 i 节点的最迟时间，标注方法如图 3-32(a)所示。

(1)计算节点的最早时间。节点最早时间的计算应从网络计划的起点节点开始，顺着箭线方向依次进行，其计算步骤如下：

1)网络计划起点节点，如未规定最早时间时，其值等于零，即

$$ET_1 = 0 \tag{3-14}$$

2)其他节点的最早时间等于所有箭头指向该节点工作的始节点最早时间加上其作业时间的最大值，即

$$ET_j = \max\{ET_i + D_{i-j}\} \tag{3-15}$$

如图 3-32(b)所示的网络计划中各节点最早时间计算如下：

$$ET_1 = 0$$

$$ET_2 = ET_1 + D_{1-2} = 0 + 2 = 2$$

$$ET_3 = \max \begin{Bmatrix} ET_1 + D_{1-3} \\ ET_2 + D_{2-3} \end{Bmatrix} = \max \begin{Bmatrix} 0 + 5 \\ 2 + 2 \end{Bmatrix} = 5$$

$$ET_4 = \max \begin{Bmatrix} ET_3 + D_{3-4} \\ ET_2 + D_{2-4} \end{Bmatrix} = \max \begin{Bmatrix} 5 + 6 \\ 2 + 2 \end{Bmatrix} = 11$$

$$ET_5 = \max \begin{Bmatrix} ET_3 + D_{3-5} \\ ET_4 + D_{4-5} \end{Bmatrix} = \max \begin{Bmatrix} 5+5 \\ 11+0 \end{Bmatrix} = 11$$

$$ET_6 = \max \begin{Bmatrix} ET_4 + D_{4-6} \\ ET_5 + D_{5-6} \end{Bmatrix} = \max \begin{Bmatrix} 11+5 \\ 11+3 \end{Bmatrix} = 16$$

（2）确定计算工期与计划工期。网络计划的计算工期等于网络计划终点节点的最早时间，若未规定要求工期，网络计划的计划工期应等于计算工期，即

$$T_p = T_c = ET_a \tag{3-16}$$

$$T_p = T_c = ET_a = 16$$

（3）计算节点的最迟时间。

1）网络计划终点节点的最迟时间等于网络计划的计划工期，即

$$LT_n = T_p \tag{3-17}$$

2）其他节点的最迟时间，即

$$LT_i = \min\{LT_j - D_{i-j}\} \tag{3-18}$$

如图 3-32 所示网络计划中各节点最迟时间计算如下：

$$LT_6 = T_p = T_c = 16$$

$$LT_5 = LT_6 - D_{5-6} = 16 - 3 = 13$$

$$LT_4 = \min \begin{Bmatrix} LT_6 - D_{4-6} \\ LT_5 - D_{4-5} \end{Bmatrix} = \min \begin{Bmatrix} 16-5 \\ 13-0 \end{Bmatrix} = 11$$

$$LT_3 = \min \begin{Bmatrix} LT_4 - D_{3-4} \\ LT_5 - D_{3-5} \end{Bmatrix} = \min \begin{Bmatrix} 11-6 \\ 13-5 \end{Bmatrix} = 5$$

$$LT_2 = \min \begin{Bmatrix} LT_3 - D_{2-3} \\ LT_4 - D_{2-4} \end{Bmatrix} = \min \begin{Bmatrix} 5-2 \\ 11-2 \end{Bmatrix} = 3$$

$$LT_1 = \min \begin{Bmatrix} LT_2 - D_{1-2} \\ LT_3 - D_{1-3} \end{Bmatrix} = \min \begin{Bmatrix} 3-2 \\ 5-5 \end{Bmatrix} = 0$$

（4）关键节点与关键线路。

1）关键节点。在双代号网络计划中，关键线路上的节点称为关键节点。关键节点的最迟时间与最早时间的差值最小。当计划工期与计算工期相等时，关键节点的最迟时间必然等于最早时间。

如图 3-32 所示，关键节点有①、③、④和⑥四个节点，它们的最迟时间必然等于最早时间。

2）关键工作。关键工作两端的节点必为关键节点，但两端为关键节点的工作不一定是关键工作。当计划工期与计算工期相等时，利用关键节点判别关键工作时，必须满足 $ET_i + D_{i-j} = ET_j$ 或 $LT_i + D_{i-j} = LT_j$，否则该工作就不是关键工作。

如图 3-32 中，工作①→③、工作③→④、工作④→⑥等均是关键工作。

3）关键线路。双代号网络计划中，由关键工作组成的线路一定为关键线路，如图 3-32

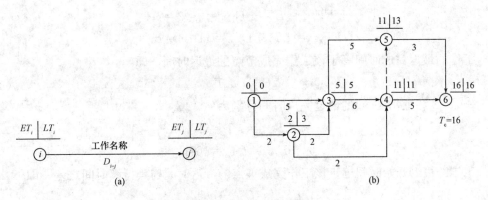

(a)　　　　　　　　　　(b)

图 3-32　网络计划节点标注

所示，线路①→③→④→⑥为关键线路。

由关键节点连成的线路不一定是关键线路，但关键线路上的节点必然为关键节点。如图 3-33 所示某工程网络节点法，关键节点有①、③、④和⑥四个节点，关键工作有工作 1—3、工作 3—4、工作 4—6，关键线路为①→③→④→⑥。工作 3—6 的两个节点均为关键节点，但工作 3—6 不是关键工作，线路①→③→⑥（由关键节点组成的线路）也不是关键线路。

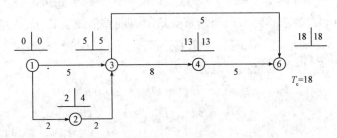

图 3-33　某工程网络节点法

(5)工作时间参数的计算。工作计算法能够表明各项工作的六个时间参数，节点计算法能够表明各节点的最早时间和最迟时间。各项工作的六个时间参数与节点的最早时间、最迟时间以及工作的持续时间有关。根据节点的最早时间和最迟时间能够判定工作的六个时间参数。

1)工作的最早开始时间等于该工作开始节点的最早时间，即

$$ES_{i-j} = ET_i \tag{3-19}$$

工作 1—2 和工作 4—6 的最早时间分别为

$$ES_{1-2} = ET_1 = 0, \quad ES_{4-6} = ET_4 = 11$$

2)工作的最早完成时间等于该工作开始节点的最早时间与其持续时间之和，即

$$EF_{i-j} = ET_i + D_{i-j} \tag{3-20}$$

工作 1—2 和工作 4—6 的最早时间分别为

$$EF_{1-2}=ET_1+D_{1-2}=0+2=2$$
$$EF_{4-6}=ET_4+D_{4-6}=11+5=16$$

3)工作的最迟完成时间等于该工作完成节点的最迟时间,即

$$LF_{i-j}=LT_j \tag{3-21}$$

工作 1-2 和工作 4-6 的最迟完成时间分别为

$$LF_{1-2}=LT_2=3$$
$$LF_{4-6}=LT_6=16$$

4)工作的最迟开始时间等于该工作完成节点的最迟时间与其持续时间之差,即

$$LS_{i-j}=LT_j-D_{i-j} \tag{3-22}$$

工作 1-2 和工作 4-6 的最迟开始时间分别为

$$LS_{1-2}=LT_2-D_{1-2}=3-2=1$$
$$LS_4-6=LT_6-D_{4-6}=16-5=11$$

5)工作的总时差等于其工作时间范围减去其作业时间,即

$$TF_{i-j}=LT_j-ET_i-D_i-j \tag{3-23}$$

工作 1-2 和工作 4-6 的总时差分别为

$$TF_{1-2}=LT_2-ET_1-D_{1-2}=3-0-2=1$$
$$TF_4-6=LT_6-ET_4-D_{4-6}=16-11-5=0$$

6)工作的自由时差等于其终节点与始节点最早时间差值减去其作业时间,即

$$FF_{i-j}=ET_j-ET_i-D_{i-j}$$

工作 1-2 和工作 4-6 的自由时差分别为

$$FF_{1-2}=ET_2-ET_1-D_{1-2}=2-0-2=0$$
$$FF_{4-6}=ET_6-ET_4-D_{4-6}=16-11-5=0$$

3. 标号法

(1)标号法的基本原理。标号法是一种可以快速确定计算工期和关键线路的方法,是工程中应用非常广泛的一种方法。它利用节点计算法的基本原理,对网络计划中的每一个节点进行标号,然后利用标号值(节点的最早时间)确定网络计划的计算工期和关键线路。

(2)标号法工作的步骤标号法工作的步骤如下:

1)从开始节点出发,顺着箭线用加法计算节点的最早时间,并标明节点时间的计算值及其来源节点号。

2)终点节点最早时间值为计算工期。

3)从终点节点出发,依源节点号反跟踪到开始节点的线路为关键线路。

(3)应用举例。

如图 3-31 所示的网络计划,请用标号法计算各节点时间参数。

解: 节点的标号值计算如下:

$$ET_1=0,\ ET_2=ET_1+D_{1-2}=0+5=0,\ ET_3=\max\begin{cases}ET_1+D_{1-3}\\ET_2+D_{2-3}\end{cases}=\max\begin{cases}0+4\\5+3\end{cases}=8$$

依次类推 $ET_6=23$，则计算工期 $T_c=ET_6=23$

图 3-34 中，②节点的最早时间为 5，其计算来源为①节点，因而标号为$[①，5]$；④节点的最早时间为 15，其计算来源为③节点，因而标为$[③，5]$，其他类推。

确定关键线路：从终点节点出发，依源节点号反跟踪到开始节点的线路为关键线路，如图 3-34 所示，①→②→③→④→⑥为关键线路。

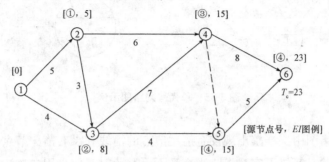

图 3-34　标号法计算节点时间参数

第四节　单代号网络计划

单代号网络计划是以节点及其编号表示工作的一种网络计划，单代号网络计划在工程中应用也较为广泛。

一、单代号网络图的绘制

(1)单代号网络图的基本概念。单代号网络图是以节点及其编号表示工作，以箭线表示工作之间逻辑关系的网络图。它是网络计划的另一种表达方法，包括的要素如下：

双代号网络图确定关键工作和关键线路的技巧

1)箭线。单代号网络图中，箭线表示紧邻工作之间的逻辑关系。箭线应画成水平直线、折线或斜线。单代号网络图中不设虚箭线，箭线的箭尾节点编号应小于箭头节点的编号。箭线水平投影的方向应自左向右，表达工作的进行方向，如图 3-35(a)所示。

2)节点。单代号网络图中每一个节点表示一项工作，用圆圈或矩形表示。节点所表示的工作名称、持续时间和工作代号等应标注在节点内，如图 3-35(b)所示。节点必须编号，此编号即该工作的代号，由于代号只有一个，故称"单代号"。节点编号严禁重复，一项工作只能有唯一的一个节点和唯一的一个编号。

(2)单代号网络图的绘制。绘制单代号网络图须遵循以下规则：

1)单代号网络图必须正确表述已定的逻辑关系。

2)单代号网络图中，严禁出现循环回路。

3)单代号网络图中，严禁出现双向箭头或无箭头的连线。

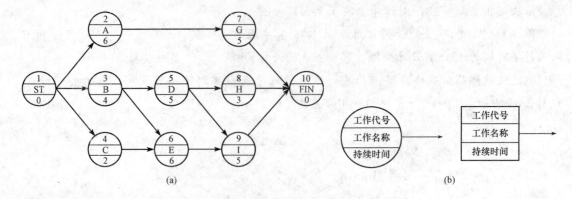

(a)   (b)

图3-35　单代号网络图示例

4) 在单代号网络图中，严禁出现没有箭尾节点的箭线和没有箭头节点的箭线。

5) 绘制网络图时，箭线不宜交叉，当交叉不可避免时，可采用过桥法和指向法绘制。

6) 单代号网络图只应有一个起点节点和一个终点节点。当网络图中有多项起点节点或多项终点节点时，应在网络图的两端分别设置一项虚工作，作为该网络图的起点节点和终点节点。

二、单代号网络计划时间参数的计算

(1) 单代号网络计划时间参数的计算步骤。单代号网络计划与双代号网络计划只是表现形式不同，它们所表达的内容则完全一样。工作的各时间参数表达如图3-36所示。

1) 计算工作的最早开始时间和最早完成时间。工作最早开始时间和最早完成时间的计算应从网络计划的起点节点开始，顺着箭线方向按节点编号从小到大的顺序依次进行。

① 网络计划起点节点所代表的工作，其最早开始时间未规定时取值为零，即

图3-36　时间参数表达

$$ES_1 = 0$$

② 工作的最早完成时间应等于本工作的最早开始时间与其持续时间之和，即

$$EF_i = ES_i + D_i \tag{3-24}$$

式中　EF_i——工作 i 的最早完成时间；

　　　ES_i——工作 i 的最早开始时间；

　　　D_i——工作 i 的持续时间。

③ 其他工作的最早开始时间应等于其紧前工作最早完成时间的最大值，即

$$ES_j = \max\{EF_i\} \tag{3-25}$$

式中　ES_j——工作 j 的最早开始时间；

EF_i——工作 j 的紧前工作 i 的最早完成时间。

④网络计划的计算工期等于其终点节点所代表的工作的最早完成时间，即

$$T_c = EF_n \tag{3-26}$$

式中　EF_n——终点节点 n 的最早完成时间。

2)计算相邻两项工作之间的时间间隔。相邻两项工作之间的时间间隔是指其紧后工作的最早开始时间与本工作最早完成时间的差值，即

$$LAG_{i,j} = ES_j - EF_i \tag{3-27}$$

式中　$LAG_{i,j}$——工作 i 与其紧后工作 j 之间的时间间隔；

ES_j——工作 i 的紧后工作 j 的最早开始时间；

EF_i——工作 i 的最早完成时间。

3)确定网络计划的计划工期。网络计划的计算工期 $T_c = EF_n$。假设未规定要求工期，则其计划工期就等于计算工期。

4)计算工作的总时差。工作总时差的计算应从网络计划的终点节点开始，逆着箭线方向按节点编号从大到小的顺序依次进行。

①网络计划终点节点 n 所代表的工作的总时差应等于计划工期与计算工期之差，即

$$TF_n = T_p - T_c \tag{3-28}$$

当计划工期等于计算工期时，该工作的总时差为零。

②其他工作的总时差应等于本工作与其各紧后工作之间的时间间隔加该紧后工作的总时差所得之和的最小值，即

$$TF_i = \min\{LAG_{i,j} + TF_j\} \tag{3-29}$$

式中　TF_i——工作 i 的总时差；

$LAG_{i,j}$——工作 i 与其紧后工作 j 之间的时间间隔；

TF_j——工作 i 的紧后工作 j 的总时差。　.

5)计算工作的自由时差。

①网络计划终点节点 n 所代表工作的自由时差等于计划工期与本工作的最早完成时间之差，即

$$FF_n = T_p - EF_n \tag{3-30}$$

式中　FF_n——终点节点 n 所代表的工作的自由时差；

T_p——网络计划的计划工期；

EF_n——终点节点 n 所代表的工作的最早完成时间。

②其他工作的自由时差等于本工作与其紧后工作之间时间间隔的最小值，即

$$TF_i = \min\{LAG_{i,j}\} \tag{3-31}$$

6)计算工作的最迟完成时间和最迟开始时间。工作的最迟完成时间和最迟开始时间的计算根据总时差计算：

①工作的最迟完成时间等于本工作的最早完成时间与其总时差之和，即

$$LF_i = EF_i + TF_i \qquad (3-32)$$

②工作的最迟开始时间等于本工作最早开始时间与其总时差之和,即

$$LS_i = ES_i + TF_i \qquad (3-33)$$

(2)单代号网络计划关键线路的确定。

1)利用关键工作确定关键线路。如前所述,总时差最小的工作为关键工作。将这些关键工作相连,并保证相邻两项关键工作之间的时间间隔为零而构成的线路就是关键线路。

2)利用相邻两项工作之间的时间间隔确定关键线路。从网络计划的终点节点开始,逆着箭线方向依次找出相邻两项工作之间时间间隔为零的线路就是关键线路。

3)利用总持续时间确定关键线路。在网络计划中,线路上工作总持续时间最长的线路为关键线路。

(3)计算示例。

试计算图 3-37 所示单代号网络计划的时间参数。

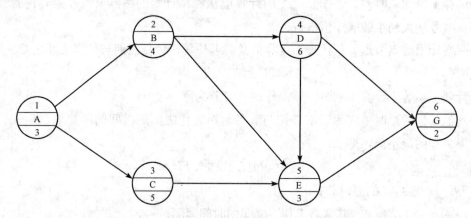

图 3-37　单代号网络计划

解: 计算结果如图 3-37 所示,现对其计算步骤及具体方法说明如下:

1)工作最早开始时间和最早完成的计算。工作的最早开始时间从网络图的起点节点开始,顺着箭线,用加法。因起点节点的最早开始时间未规定,故 $ES_1 = 0$。

工作的最早完成时间应等于本工作的最早开始时间与其持续时间之和,因此

$$EF_1 = ES_1 + D_1 = 0 + 3 = 3$$

其他工作最早开始时间是其各紧前工作的最早完成时间的最大值。

2)计算网络计划的工期:

按 $T_c = EF_n$ 计算,计算工期 $T_c = EF_6 = 18$

3)计算各工作之间的时间间隔。

按 $LAG_{i,j} = ES_j - EF_i$,计算如图 3-38 所示,未标注的工作之间的时间间隔为 0,计算过程如下:

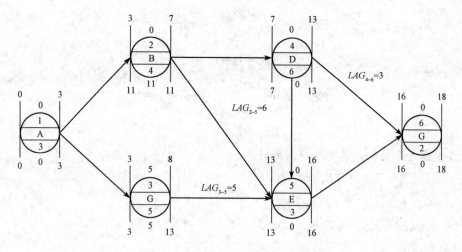

图 3-38 单代号网络计划的时间参数

$$LAG_{1,2} = ES_2 - EF_1 = 3 - 3 = 0$$
$$LAG_{1,3} = ES_3 - EF_1 = 3 - 3 = 0$$
$$LAG_{2,4} = ES_4 - EF_2 = 7 - 7 = 0$$
$$LAG_{2,5} = ES_5 - EF_2 = 13 - 7 = 6$$
$$LAG_{3,5} = ES_5 - EF_3 = 13 - 8 = 5$$
$$LAG_{4,5} = ES_5 - EF_4 = 13 - 13 = 0$$
$$LAG_{4,6} = ES_6 - EF_4 = 16 - 13 = 3$$
$$LAG_{5,6} = ES_6 - EF_5 = 16 - 16 = 0$$

4)计算总时差。终点节点所代表的工作的总时差按 $TF_n = T_p - T_c$ 考虑，没有规定，认为 $T_p = T_c = 18$，则 $TF_6 = 0$。其他工作总时差按公式 $TF_i = \min\{LAG_{i,j} + TF_j\}$ 计算，其结果如下：

$$TF_5 = LAG_{5,6} + TF_6 = 0 + 0 = 0$$

$$TF_4 = \min \begin{Bmatrix} LAG_{4,5} + TF_5 \\ LAG_{4,6} + TF_6 \end{Bmatrix} = \min \begin{Bmatrix} 0+0 \\ 3+0 \end{Bmatrix} = 0$$

$$TF_3 = LAG_{3,5} + TF_5 = 5 + 0 = 5$$

$$TF_2 = \min \begin{Bmatrix} LAG_{2,4} + TF_4 \\ LAG_{2,5} + TF_5 \end{Bmatrix} = \min \begin{Bmatrix} 0+0 \\ 6+0 \end{Bmatrix} = 0$$

$$TF_1 = \min \begin{Bmatrix} LAG_{1,2} + TF_2 \\ LAG_{1,3} + TF_3 \end{Bmatrix} = \min \begin{Bmatrix} 0+0 \\ 0+5 \end{Bmatrix}$$

5)计算自由时差。最后节点自由时差按 $FF_n = T_p - EF_n$ 得 $FF_6 = 0$。

其他工作自由时差按 $TF_i = \min\{LAG_{i,j}\}$ 计算，其结果如下：

$$FF_1 = \min \begin{Bmatrix} LAG_{1,2} \\ LAG_{1,3} \end{Bmatrix} = \min \begin{Bmatrix} 0 \\ 0 \end{Bmatrix} = 0$$

$$FF_2 = \min\begin{cases} LAG_{2,4} \\ LAG_{2,5} \end{cases} = \min\begin{cases} 0 \\ 6 \end{cases} = 0$$

$$FF_3 = LAG_{3,5} = 5$$

$$FF_4 = \min\begin{cases} LAG_{4,5} \\ LAG_{4,6} \end{cases} = \min\begin{cases} 0 \\ 3 \end{cases} = 0$$

$$FF_5 = LAG_{5,6} = 0$$

6）工作最迟开始和最迟完成时间的计算。

$ES_1 = 0$，$LS_1 = ES_1 + TF_1 = 0 + 0 = 0$

$EF_1 = 0$，$LF_1 = EF_1 + TF_1 = 3 + 0 = 3$

$ES_2 = 3$，$LS_2 = ES_2 + TF_2 = 3 + 0 = 3$

$EF_2 = 7$，$LF_2 = 7$

$ES_3 = 3$，$LS_3 = ES_3 + TF_3 = 3 + 5 = 8$

$EF_3 = 8$，$LF_3 = 13$

$ES_4 = 7$，$LS_4 = ES_4 + TF_4 = 7 + 0 = 7$

$ES_4 = 13$，$LF_4 = 13$

$ES_5 = 13$，$LF_5 = ES_5 + TF_5 = 13 + 0 = 13$

$EF_5 = 16$，$LF_5 = 16$

$ES_6 = 16$，$LS_6 = ES_6 + TF_6 = 16 + 0 = 16$

$ES_6 = 18$，$LF_6 = 18$

7）关键工作和关键线路的确定。

当无规定时，认为网络计算工期与计划工期相等，这样总时差为零的工作为关键工作。

如图 3-37 所示关键工作有：A、B、D、E、G 工作。将这些关键工作相连，并保证相邻两项关键工作之间的时间间隔为零而构成的线路就是关键线路，即线路 A→B→D→E→G 为关键线路。本例关键线路用黑粗线表示。仅仅由这些关键工作相连的线路，不保证相邻两项关键工作之间的时间间隔为零，不一定是关键线路，如线路 A→B→D→G 和线路 A→B→E→G 均不是关键线路。因此，在单代号网络计划中，关键工作相连的线路并不一定是关键线路。关键线路按相邻工作之间时间间隔为零的连线确定，则关键线路为：A→B→D→E→G。

在单代号网络计划中，线路上工作总持续时间最长的线路为关键线路，即其总持续时间为 18，即网络计算工期。

三、单代号网络图与双代号网络图的比较

(1)单代号网络图绘制比较方便，节点表示工作，箭线表示逻辑关系，而双代号用箭线表示工作，可能有虚工作。在这一点上，比绘制双代号网络图简单。

(2)单代号网络图具有便于说明、容易被非专业人员所理解和易于修改的优点，这对于推广应用统筹法编制工程进度计划，进行全面的科学管理是非常重要的。

（3）双代号网络图表示工程进度比用单代号网络图更为形象，特别是在应用带时间坐标的网络图中。

（4）双代号网络计划应用电子计算机进行程序化计算和优化更为简便，这是因为双代号网络图中用两个代号代表一项工作，可直接反映其紧前或紧后工作的关系。而单代号网络图就必须按工作逐个列出其紧前、紧后工作关系，这在计算机中需占用更多的存储单元。

由于单代号和双代号网络图有上述各自的优缺点，故两种表示法在不同的情况下，其表现的繁简程度是不同的。在有些情况下，应用单代号表示法较为简单，而在另外情况下，使用双代号表示法则更为清楚。因此，单代号和双代号网络图是两种互为补充、各具特色的表现方法。

（5）单代号网络图与双代号网络图均属于网络计划，能够明确地反映出各项工作之间错综复杂的逻辑关系。通过网络计划时间参数的计算，可以找出关键工作和关键线路；通过网络计划时间参数的计算，可以明确各项工作的机动时间。网络计划可以利用计算机进行计算。

单代号网络图与双代号网络图的比较见表 3-4。

表 3-4　单代号网络图与双代号网络图的比较

网络图　比较项目	单代号网络图	双代号网络图
箭线	表示逻辑关系及工作顺序	表示工作及工作流向
节点	表示工作	表示工作的开始、结束瞬间
虚工作	无	可能有
虚拟节点	可能有虚拟开始节点、虚拟结束节点	无
逻辑关系	反映	反映
关键线路	总持续时间最长的线路	总持续时间最长的线路
	关键工作的连线且相邻关键工作时间间隔为零的线路	关键工作相连的线路

本章小结

网络计划技术既是一种科学的计划方法，又是一种有效的生产管理方法。网络计划的最大特点就在于它能够提供施工管理所需要的多种信息，有利于加强工程管理。它有助于管理人员合理地组织生产，做到心里有数，知道管理的重点应放在何处，怎样缩短工期，在哪里挖掘潜力，如何降低成本。在工程管理中提高应用网络计划技术的水平，必能进一步提高工程管理的水平。

1. 什么是网络图？什么是网络计划？

2. 什么是逻辑关系？虚工作的作用是什么？试举例说明。

3. 双代号网络图绘制规则有哪些？

4. 一般网络计划计算哪些时间参数？简述各时间参数的符号。

5. 什么是总时差？什么是自由时差？两者有何关系？

6. 什么是关键线路？对于双代号网络计划和单代号网络计划如何判断关键线路？

7. 简述双代号网络计划中工作计算法的计算步骤。

8. 简述单代号网络计划与双代号网络计划的异同。

9. 根据下列逻辑关系（表3-5～表3-7），试绘制双代号及单代号网络图。

表3-5　工作逻辑关系（一）

工序	A	B	C	D	E	F	G	H
紧前工作	—	A	A	A	B、C、D	B	D	E、F、G
工序时间	5	7	3	5	8	3	8	4

表3-6　工作逻辑关系（二）

工序	A	B	C	D	E	F	G	H	I
紧前工作	—	A	A	C	B、C	B	D、E	E、F	G、H
工序时间	5	2	5	5	3	2	3	2	2

表3-7　工作逻辑关系（三）

施工过程	A	B	C	D	E	F	G	H	I	J	K
紧前工作	—	A	A	B	B	E	A	C、D	E	F、G、H	I、J
作业时间	2	3	5	2	4	3	2	5	2	3	1

某施工单位通过投标获得高架输水管道工程共 20 组钢筋混凝土支架的施工合同。每组支架的结构形式及工程量相同，均由基础、柱和托梁三部分组成，如图 3-39 所示。合同工期为 190 天。开工前施工单位向监理工程师提交了施工

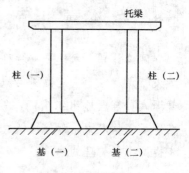

图 3-39　结构形式

方案及网络进度计划(图3-40)。

1. 施工方案

施工流向：从第1组支架依次流向第20组。

劳动组织：基础、柱、托梁分别组织混合工种专业队。

技术间歇：柱混凝土浇筑后需养护20天方能进行托梁施工。

物资供应：脚手架、模具及商品混凝土按进度要求调度配合。

2. 网络进度计划(时间单位：天)

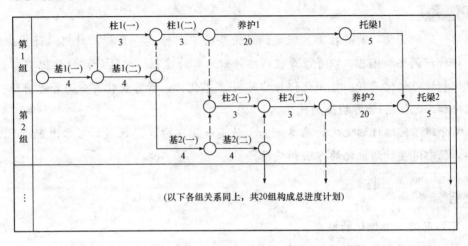

图3-40　网络进度计划

问题：

1. 什么是网络计划工作之间的工艺逻辑关系和组织逻辑关系？从图中各举1例说明。

2. 该网络计划反映1组支架需要多少施工时间？

3. 任意相邻两组支架的开工时间相差几天？第20组支架的开工时间是何时？

4. 该计划的计划总工期为多少天？监理工程师可否批准该网络计划？为什么？

5. 该网络计划的关键线路由哪些工作组成？

第四章　网络计划优化

内容提要

　　网络计划的优化，就是在满足既定的约束条件下，按某一目标，对网络计划进行不断检查、评价、调整和完善，以寻求最优网络计划方案的过程。网络计划的优化有工期优化、费用优化和资源优化三种。费用优化又称时间-成本优化；资源优化可分为资源有限-工期最短的优化和工期固定-资源均衡的优化。

　　本章介绍了网络计划优化的基本概念、种类和优化方式。通过学习本章的内容，能掌握实际工程中进度计划优化的方法和应用。

知识目标

1. 了解网络计划优化的概念。
2. 掌握网络计划优化的类型及优化步骤。

能力目标

1. 能理解网络计划优化的含义，读懂进度计划的意义。
2. 能根据施工图纸及相关资料进行工程进度计划优化。
3. 能解决实际工程进度计划优化的问题。

学习建议

1. 能在掌握双代号网络计划的编制基础上，进行网络计划的优化。
2. 了解网络计划优化对工程的实际意义。
3. 建议和相关课程结合学习相关知识点。
4. 能识读相应的地方或国家标准图集及相关定额。

第一节　工期优化

一、概述

1. 基本概念

工期优化是指网络计划的计算工期不能满足要求工期时，通过压缩关键工作的持续时间以满足要求工期的过程。若仍不能满足要求，需调整方案或重新审定要求工期。

$$计算工期\ T_c \leqslant 计划工期\ T_p \leqslant 要求工期\ T_r$$

$$计算工期\ T_c \leqslant 要求工期\ T_r$$

(1)当 T_c 小于 T_r 较多时，需调整；

(2)当 T_c 大于 T_r 时，需调整。

2. 压缩关键工作考虑的因素

(1)压缩对质量、安全影响不大的工作。

(2)压缩有充足备用资源的工作。

(3)压缩增加费用最少的工作，即压缩直接费费率、赶工费费率或优选系数最小的工作。

所有工作须考虑上述三方面因素，以确定优选系数，优选系数小的工作较适宜压缩。

3. 压缩方法

(1)当只有一条关键线路时，在其他情况均能保证的条件下，压缩直接费费率、赶工费费率或优选系数最小的关键工作。

(2)当有多条关键线路时，应同时压缩各条关键线路相同的数值，压缩直接费费率、赶工费费率或优选系数组合最小者。

(3)由于压缩过程中非关键线路可能转为关键线路，切忌压缩"一步到位"。

二、工期优化的步骤

网络计划的工期优化步骤如下：

(1)求出计算工期并找出关键线路及关键工作。

(2)按要求工期计算出工期应缩短的时间目标 ΔT：

$$\Delta T = T_c - T_r$$

式中　T_c——计算工期；

　　　 T_r——要求工期。

(3)确定各关键工作能缩短的持续时间。

(4)将应优先缩短的关键工作压缩至最短持续时间，并找出新关键线路。若此时被压缩的工作变成了非关键工作，则应将其持续时间延长，使之仍为关键工作。

（5）若计算工期仍超过要求工期，则重复以上步骤，直到满足工期要求或工期已不能再缩短为止。

三、工期优化的应用举例

某施工网络计划在⑤节点之前已延迟 15 天，施工网络计划如图 4-1 所示。为保证原工期，试进行工期优化[图中箭线上部的数字表示压缩一天增加的费率(元/天)；下部括弧外的数字表示工作正常作业时间；括弧内的数字表示工作极限作业时间]。

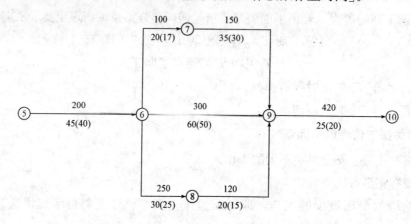

图 4-1　某施工网络计划

解：（1）找关键线路。在原正常持续时间状态下关键线路如图 4-2 双线表示。

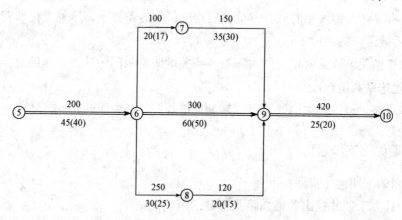

图 4-2　关键线路

（2）压缩关键线路上关键工作持续时间。图 4-2 网络计划只有一条关键线路时，应压缩直接费费率最小的工作。

第一次压缩：压缩⑤→⑥工作 5 天，由于考虑压缩的关键工作⑤→⑥、⑥→⑨、⑨→⑩直接费费率分别为 200 元/天、300 元/天、420 元/天，所以选择压缩⑤→⑥工作，直接费增加 200×5＝1 000(元)，得到如图 4-3 所示的新计划，有一条关键线路，工期仍拖延 10 天，故应进一步压缩。

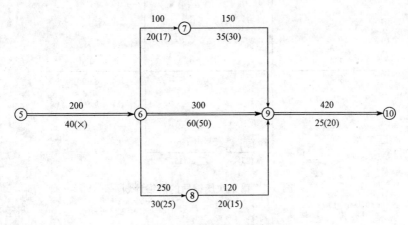

图 4-3　第一次压缩后的网络计划

第二次压缩：关键线路为⑤→⑥→⑨→⑩，由于⑤→⑥工作不能再压缩，只能选择压缩关键工作⑥→⑨工作或⑨→⑩工作。压缩⑥→⑨工作和⑨→⑩工作的直接费费率分别为 300 元/天、420 元/天，所以应压缩⑥→⑨工作 5 天，直接费增加 300×5＝1 500 (元)，得到如图 4-4 所示的网络计划，有两条关键线路，此时工期仍拖延 5 天，故应进一步压缩。

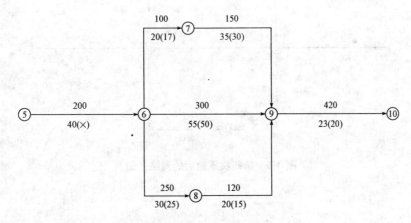

图 4-4　第二次压缩后的网络计划

第三次压缩：当第二次压缩后计划变成⑤→⑥→⑦→⑨→⑩、⑤→⑥→⑨→⑩两条关键线路，应同时压缩组合直接费费率最小的工作。所以，应在同时压缩⑥→⑦和⑥→⑨、同时压缩⑦→⑨和⑥→⑨与压缩⑨→⑩工作三种方案中选择。上述三种方案压缩时组合直接费费率分别为 400 元/天、450 元/天和 420 元/天，因而第三次压缩选择同时压缩⑥→⑦和⑥→⑨的工作 3 天，直接费增加 400×3＝1 200(元)。如图 4-5 所示，网络计划仍有两条关键线路不变。工期仍拖延 2 天，需继续压缩。

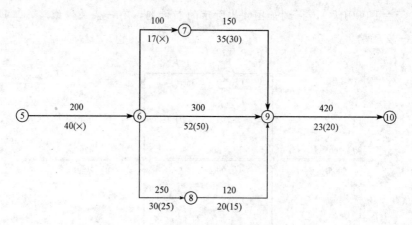

图 4-5　第三次压缩后的网络计划

第四次压缩：由于⑥→⑦工作不能再压缩，所以选择同时压缩⑦→⑨和⑥→⑨与仅压缩⑨→⑩两种情况，同时压缩⑦→⑨和⑥→⑨工作，直接费费率为 450 元/天，仅压缩⑨→⑩直接费费率为 420 元/天，所以选择压缩⑨→⑩工作 2 天，如图 4-6 所示，共赶工 15 天，可以保证原工期。直接费增加 420×2＝840（元），为保证原工期直接费共增加 4 540 元。

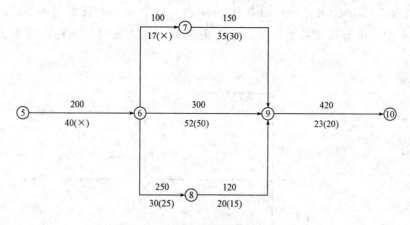

图 4-6　第四次压缩后的网络计划

第二节　资源优化

一、资源优化的概念

资源是指完成一项计划任务所需投入的人力、材料、机械设备和资金等。完成一项工程任务所需要的资源量基本上是不变的，不可能通过资源优化将其减少。资源优化的目的是通过改变工作的开始时间和完成时间，使资源按照时间分布符合优化目标。

二、资源优化的前提条件

(1)在优化过程中,不改变网络计划中各项工作之间的逻辑关系。

(2)在优化过程中,不改变网络计划中各项工作的持续时间。

(3)网络计划中各项工作的资源强度(单位时间所需资源数量)为常数,而且是合理的。

(4)除规定可中断的工作外,一般不允许中断工作,应保持其连续性。

为简化问题,一般假定网络计划中的所有工作需要同一种资源。

三、资源优化的分类

在通常情况下,网络计划的资源优化分为两种,即"资源有限,工期最短"的优化和"工期固定、资源均衡"的优化。前者是通过调整计划安排,在满足资源限制条件下,使工期延长最小的过程,而后者是通过调整计划安排,在工期保持不变的条件下,使资源需用量尽可能均衡的过程。

1."资源有限,工期最短"的优化步骤

(1)按照各项工作的最早开始时间安排进度计划,并计算网络计划每个时间单位的资源需用量。

(2)从计划开始日期起,逐个检查每个时段(每个时间单位资源需用量相同的时间段)资源需用量是否超过所能供应的资源限量。如果在整个工期范围内每个时段的资源需用量均能满足资源限量的要求,则可行优化方案就编制完成;否则,必须转入下一步进行计划的调整。

(3)分析超过资源限量的时段。如果在该时段内有几项工作平行作业,则采取将一项工作安排在与之平行的另一项工作之后进行的方法,以降低该时段的资源需用量。对于两项平行作业的工作 m 和工作 n 来说,为了降低相应时段的资源需用量,现将工作 n 安排在工作 m 之后进行,如图4-7所示。

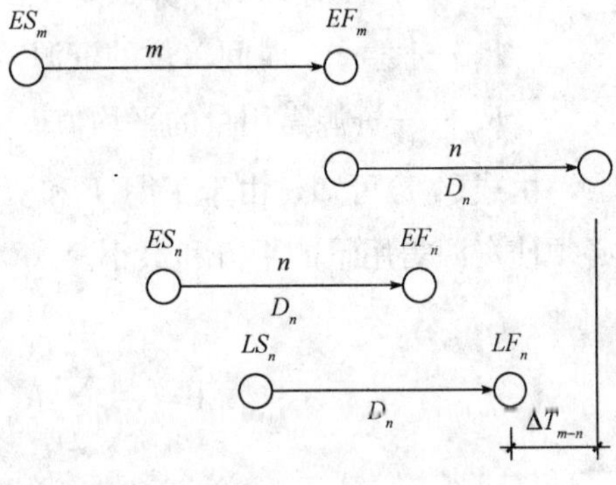

图 4-7 某时间段的几项平行作业

如果将工作 n 安排在工作 m 之后进行,网络计划的工期延长值为

$$\Delta T_{m,n} = EF_m + D_n - LF_n$$
$$= EF_m - (LF_n - D_n)$$
$$= EF_m - LS_n$$

式中 $\Delta T_{m,n}$——将工作 n 安排在工作 m 之后进行时网络计划的工期延长值;

EF_m——工作 m 的最早完成时间;

D_n——工作 n 的持续时间;

LF_n——工作 n 的最迟完成时间；

LS_n——工作 n 的最迟开始时间。

这样，在有资源冲突的时段中，对平行作业的工作进行两两排序，即可得出若干个 $\Delta T_{m,n}$。选择其中最小的 $\Delta T_{m,n}$，将相应的工作 n 安排在工作 m 之后进行，既可降低该时段的资源需用量，又使网络计划的工期延长最短。

(4)对调整后的网络计划安排重新计算每个时间单位的资源需用量。

(5)重复上述(2)～(4)步，直至网络计划整个工期范围内每个时间单位的资源需用量均满足资源限量为止。

2."工期固定，资源均衡"的优化

安排建设工程进度计划时，需要使资源需用量尽可能地均衡，使整个工程每单位时间的资源需用量不出现过多的高峰和低谷，这样不仅有利于工程建设的组织与管理，而且可以降低工程费用。

"工期固定，资源均衡"的优化方法有多种，如方差值最小法、极差值最小法、削高峰法等。这里仅介绍方差值最小的优化方法。

(1)方差值最小法的基本原理。现假设已知某工程网络计划的资源需用量，则其方差为

$$\sigma^2 = \frac{1}{T} \sum_{t=1}^{T} (R_t - R_m)^2 \tag{4-1}$$

式中　σ^2——资源需用量方差；

　　　T——网络计划的计算工期；

　　　R_t——第 t 个时间单位的资源需用量；

　　　R_m——资源需用量的平均值。

由式(4-1)可知，由于工期 T 和资源需用量的平均值 R_m 均为常数，为使方差 σ^2 最小，必须使资源需用量的平方和最小。式(4-1)可以简化为式(4-2)。

$$\begin{aligned}
\sigma &= \frac{1}{T} \sum_{t=1}^{T} R_t^2 - 2R_m \frac{\sum_{t=1}^{T} R_t}{T} + \frac{1}{T} \sum_{t=1}^{T} R_m^2 \\
&= \frac{1}{T} \sum_{t=1}^{T} R_t^2 - 2R_m \cdot R_m + \frac{1}{T} \cdot T \cdot R_m^2 \\
&= \frac{1}{T} \sum_{t=1}^{T} R_t^2 - R_m^2
\end{aligned} \tag{4-2}$$

对于网络计划中某项工作 k 而言，其资源强度为 r_k。在调整计划前，工作 k 从第 i 个时间单位开始，到第 j 个时间单位完成，则此时网络计划资源需用量的平方和为

$$\sum_{t=1}^{T} R_{t1}^2 = R_1^2 + R_2^2 + \cdots + R_i^2 + R_{i+1}^2 + \cdots + R_j^2 + R_{j+1}^2 + \cdots + R_T^2 \tag{4-3}$$

若将工作 k 的开始时间右移一个时间单位，即工作 k 从第 $i+1$ 个时间单位开始，到第 $j+1$ 个时间单位完成，则此时网络计划资源需用量的平方和为

$$\Delta=(R_i-r_k)^2-R_i^2+(R_{j+1}+r_k)^+R_{j+1}^2$$

$$\Delta=2r_k(R_{j+1}+r_k-R_i) \tag{4-4}$$

如果资源需用量平方和的增量 Δ 为负值，说明工作 k 的开始时间右移一个时间单位能使资源需用量的平方和减小，也就使资源需用量的方差减小，从而使资源需用量更均衡。

因此，工作 k 的开始时间能够右移的判别式为

$$\Delta=2r_k(R_{j+1}+r_k-R_i)\leqslant0 \tag{4-5}$$

由于工作 k 的资源强度 r_k 不可能为负值，故判别式 $R_{j+1}+r_k-R_i\leqslant0$ 可以简化为

$$R_{j+1}+r_k\leqslant R_i \tag{4-6}$$

判别式(4-6)表明，当网络计划中工作 k 完成时间之后的一个时间单位所对应的资源需用量 R_{j+1} 与工作 k 的资源强度 r_k 之和不超过工作 k 开始时所对应的资源需用量 R_i 时，将工作 k 右移一个时间单位能使资源需用量更加均衡。这时，就应将工作 k 右移一个时间单位。

同理，如果判别式(4-7)成立，说明将工作 k 左移一个时间单位能使资源需用量更加均衡。这时，就应将工作 k 左移一个时间单位：

$$R_{i-1}+r_k\leqslant R_j \tag{4-7}$$

如果工作 k 不满足判别式(4-6)或判别式(4-7)，说明工作 k 右移或左移一个时间单位不能使资源需用量更加均衡。这时，可以考虑在其总时差允许的范围内，将工作 k 右移或左移数个时间单位。

向右移时，判别式为

$$[(R_{j+1}+r_k)+(R_{j+2}+r_k)+(R_{j+3}+r_k)+\cdots]\leqslant[R_i+R_{i+1}+R_{i+2}+\cdots] \tag{4-8}$$

向左移时，判别式为

$$[(R_{i-1}+r_k)+(R_{i-2}+r_k)+(R_{i-3}+r_k)+\cdots]\leqslant[R_j+R_{j-1}+R_{j-2}+\cdots] \tag{4-9}$$

(2)方差值最小法的优化步骤。按方差值最小的优化原理，"工期固定，资源均衡"的优化一般可按以下步骤进行：

1)按照各项工作的最早开始时间安排进度计划，并计算网络计划每个时间单位的资源需用量。

2)从网络计划的终点节点开始，按工作完成节点编号值从大到小的顺序依次进行调整。当某一节点同时作为多项工作的完成节点时，应先调整开始时间较迟的工作。

在调整工作时，一项工作能够右移或左移的条件如下：

①工作具有机动时间，在不影响工期的前提下能够右移或左移；

②工作满足判别式(4-6)或式(4-7)，或者满足判别式(4-8)或式(4-9)。

只有同时满足以上两个条件，才能调整该工作，将其右移或左移至相应位置。

③当所有工作均按上述顺序自右向左调整了一次之后，为使资源需用量更加均衡，再按上述顺序自右向左进行多次调整，直至所有工作既不能右移也不能左移为止。

第三节 成本优化

工期成本优化又称为费用优化，是指寻求工程总成本最低时的工期安排，或按要求工期寻求最低成本的计划安排的过程。

一、工程费用与时间的关系

1. 工程费用与工期的关系

工程总费用由直接费和间接费组成。直接费由人工费、材料费、机械费、措施费等组成。施工方案不同，直接费也就不同。如果施工方案一定，工期不同，直接费也不同。直接费会随着工期的缩短而增加。间接费包括管理费等内容，它一般随着工期的缩短而减少。工程费用与工期的关系如图 4-8 所示。由图 4-8 可知，确定一个合理的工期，就能使总费用达到最小，也是费用优化的目标。

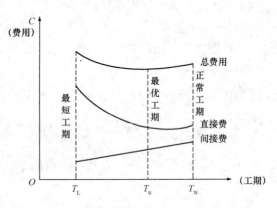

图 4-8 工程费用与工期的关系曲线

2. 工作直接费与持续时间的关系

由于网络计划的工期取决于关键工作的持续时间，为了进行工期优化必须分析网络计划中各项工作的直接费与持续时间的关系，它是网络计划工期成本优化的基础。

工作直接费随着持续时间的缩短而增加，如图 4-9 所示。

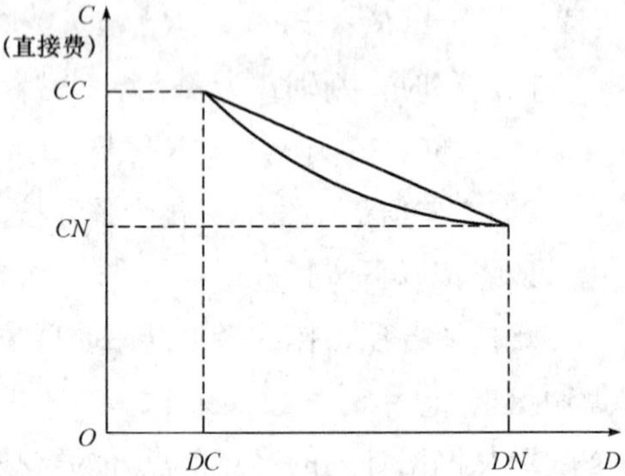

为简化计算，工作的直接费与持续时间之间的关系被近似地认为是一条直线关系。工作的持续时间每缩短单位时间而增加的直接费称为直接费用率，直接费用率可按式（4-10）计算：

$$\Delta C_{i-j} = \frac{CC_{i-j} - CN_{i-j}}{DN_{i-j} - DC_{i-j}} \qquad (4\text{-}10)$$

图 4-9 工作直接费与持续时间的关系曲线

式中 ΔC_{i-j}——工作 $i-j$ 的直接费用率；

CC_{i-j}——按最短（极限）持续时间完成工作 $i-j$ 时所需的直接费；

CN_{i-j}——按正常持续时间完成工作 $i-j$ 时所需的直接费；

DN_{i-j}——工作 $i-j$ 的正常持续时间；

DC_{i-j}——工作 $i-j$ 的最短（极限）持续时间。

二、费用优化方法

费用优化的基本思路是不断地在网络计划中找出直接费用率(或组合直接费用率)最小的关键工作,缩短其持续时间,同时考虑间接费用随工期缩短而减少的数值,最后求得工程总成本最低时的最优工期安排或按要求工期求得最低成本的计划安排。

按照上述基本思路,费用优化可按以下步骤进行:

(1)按工作的正常持续时间确定计算工期和关键线路。

(2)计算各项工作的直接费用率。

(3)当只有一条关键线路时,应找出组合直接费用率最小的一项关键工作,作为缩短持续时间的对象;当有多条关键线路时,应找出组合直接费用率最小的一组关键工作,作为缩短持续时间的对象。

(4)对于选定的压缩对象(一项关键工作或一组关键工作),首先要比较其直接费用率或组合直接费用率与工程间接费用率的大小,然后再进行压缩。压缩方法有以下三种:

1)如果被压缩对象的直接费用率或组合直接费用率大于工程间接费用率,说明压缩关键工作的持续时间会使工程总费用增加,此时应停止缩短关键工作的持续时间,在此之前的方案即为优化方案。

2)如果被压缩对象的直接费用率或组合直接费用率等于工程间接费用率,说明压缩关键工作的持续时间不会使工程总费用增加,故应缩短关键工作的持续时间。

3)如果被压缩对象的直接费用率或组合直接费用率小于工程间接费用率,说明压缩关键工作的持续时间会使工程总费用减少,故应缩短关键工作的持续时间。

(5)当需要缩短关键工作的持续时间时,其缩短值的确定必须符合下列两条原则:

1)缩短后工作的持续时间不能小于其最短持续时间。

2)缩短持续时间的工作不能变成非关键工作。

(6)计算关键工作持续时间缩短后相应的总费用。

优化后工程总费用=初始网络计划的费用+直接费增加费-间接费减少费用

(7)重复上述(3)~(6)步,直至计算工期满足要求工期或被压缩对象的直接费用率或组合直接费用率大于工程间接费用率为止。

(8)计算优化后的工程总费用。

三、费用优化举例

某网络计划,其各工作的持续时间如图 4-10 所示,直接费见表 4-1。已知间接费费率为 120 元/天,试进行费用优化。

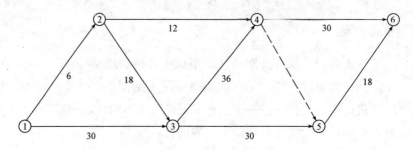

图 4-10　某施工网络计划

表 4-1　各工作持续时间及直接费用率

工作	正常时间		极限时间		费率
	时间	费用/元	时间	费用/元	
1—2	6	1500	4	2000	250
1—3	30	7500	20	8500	100
2—3	18	5000	10	6000	125
2—4	12	4000	8	4500	125
3—4	36	12 000	22	14 000	143
3—5	30	8500	18	9200	58
4—6	30	9500	16	10 300	57
5—6	18	4500	10	5000	62

解：（1）按工作的正常持续时间确定计算工期和关键线路。计算工期和关键线路如图 4-11 所示。

计算工期 $T=96$ 天，关键线路为①→③→④→⑥。此时初始网络计划的费用为 52 500 元，由各工作作业时间乘以其直接费费率加上初始工期乘以间接费费率得到。

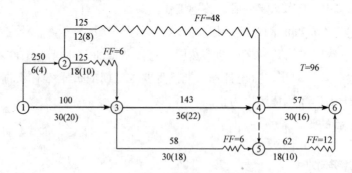

图 4-11　正常持续时间的网络计划

（2）根据关键线路上各关键工作直接费费率压缩工期。由于①→③，③→④，④→⑥工作的直接费费率分别为 100 元/天、143 元/天和 57 元/天，首先压缩关键工作④→⑥工作 12 天，如图 4-12 所示为第一次压缩后的网络计划。

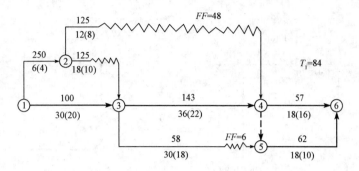

图 4-12　第一次压缩后的网络计划

这样，网络有两条关键线路①→③→④→⑥和①→③→④→⑤→⑥，增加直接费用 57×12＝684（元）。

（3）第二次压缩。选取压缩①→③工作、压缩③→④工作、同时压缩④→⑥和⑤→⑥三种情况，压缩这三种情况的直接费增加分别为 100 元/天、143 元/天、119 元/天。①→③工作直接费 100 元/天相比最小，所以应压缩①→③工作 6 天，如图 4-13 所示为第二次压缩后的网络计划，增加直接费用 100×6＝600（元）。

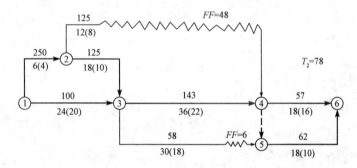

图 4-13　第二次压缩后的网络计划

（4）第三次压缩。由于有同时压缩①→③工作和①→②工作、同时压缩①→③工作和②→③工作、压缩③→④工作、同时压缩④→⑥工作和⑤→⑥工作四种情况，这四种情况的直接费费率分别为 350 元/天、225 元/天、143 元/天、119 元/天，四种情况直接费费率（或组合直接费费率）最小的是同时压缩④→⑥工作和⑤→⑥工作。因此，应选取同时压缩④→⑥工作和⑤→⑥工作 2 天，如图 4-14 所示为第三次压缩后的网络计划，增加直接费用 119×2＝238（元）。

若再压缩，关键工作直接费费率（组合直接费费率）均大于间接费费率 120 元/天，因此当工期 T_3＝76 时，费用最优。

最优费用为：52 500＋684＋600＋238－120×20＝51 622（元）。

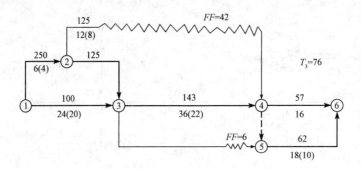

图 4-14　第三次压缩后的网络计划

本章小结

工程网络图的优化，是在满足既定约束条件下，按某一目标通过不断改进网络计划寻求满意方案。网络计划的优化按计划任务的需要和条件选定，有工期优化、成本优化和资源优化。在优化过程中，不一定需要全部时间参数值，只需寻求出关键线路和次关键线路，即可进行优化。关键线路直接寻求法之一是标号法，即对每个节点和标号值进行标号，将节点都标号后，从网络计划终点节点开始，从右向左按源节点求出关键线路。网络计划终点节点标号值即为计算工期。

复习思考题

1. 什么是工期优化？主要影响因素有哪些？
2. 什么是成本优化？成本优化的方法有哪些？
3. 什么是资源优化？其前提条件是什么？
4. 简述工期优化的分类。

思考与实践

某工程：业主在招标文件中规定：工期 T（周）不得超过 80 周，也不应短于 60 周。

某施工单位决定参与该工程的投标。在基本确定技术方案后，为提高竞争能力，对其中某技术措施拟定了三个方案进行比选。方案一的费用为 $C_1=100+4T$；方案二的费用为 $C_2=150+3T$；方案三的费用为 $C_3=250+2T$。

这种技术措施的三个比选方案对施工网络计划的关键线路均没有影响。各关键工作可压缩的时间及相应增加的费用见表 4-2。假定所有关键工作压缩后不改变关键线路。

表 4-2　可压缩的时间及相应增加费用

关键工作	A	C	E	H	M
可压缩时间/周	1	2	1	3	2
压缩单位时间增加的费用/(万元·周⁻¹)	3.5	2.5	4.5	6.0	2.0

问题:

1. 该施工单位应采用哪种技术措施方案投标? 为什么?

2. 该工程采用问题 1 中选用的技术措施方案时的工期为 80 周,造价为 2 653 万元。为了争取中标,该施工单位投标应报工期和报价各为多少?

3. 若招标文件规定,施工单位自报工期小于 80 周时,工期每提前 1 周,其总报价降低 2 万元作为经评审的报价,则施工单位的自报工期应为多少? 相应的经评审的报价为多少?

4. 如果该工程的施工网络计划如图 4-15 所示,则压缩哪些关键工作可能改变关键线路? 压缩哪些关键工作不会改变关键线路?

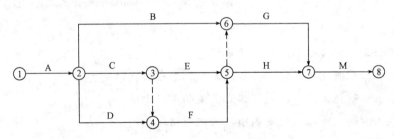

图 4-15　施工网络计划图

第五章　单位工程施工组织设计

内容提要

单位工程施工组织设计是以单位工程或一个交竣工系统工程为编制对象，是施工企业用以指导施工全过程各项活动的技术经济文件。它是施工单位编制季度、月度或旬施工作业计划，分部分项工程作业设计及劳动力、材料、预制构件、施工机具等供应计划的主要依据，也是建筑施工企业进行科学管理、提高企业经济效益的重要手段，它也是建筑施工企业进行投标的必备文件之一。

本章主要叙述单位工程施工组织设计的作用、编制程序、编制依据、编制内容，并着重介绍了施工方案、施工进度计划、施工平面图编制的具体内容和要求。

知识目标

1. 熟悉单位工程施工组织设计的基本概念、编制依据与原则、编制程序与内容。
2. 掌握单位工程概况的内容，具备编制单位工程概况的能力。
3. 掌握单位工程施工顺序、施工起点及流向确定方法。
4. 掌握施工方法、施工机械及各项技术组织措施的制定方法。

能力目标

1. 施工顺序的确定。
2. 施工机械和施工方法的选择。
3. 施工条件的确认。
4. 施工方案的技术经济分析。

学习建议

1. 掌握单位工程施工方法的选择。
2. 掌握单位工程施工进度计划的编制要求。

第一节　概述

单位工程施工组织设计一般由施工单位的工程项目主管工程师负责编制，并根据工程项目的大小，报公司总工程师审批或备案。它必须在工程开工前编制完成，以作为工程施工技术资料准备的重要内容和关键成果，并应经该工程监理单位的总监理工程师批准方可实施。

一、单位工程施工组织设计的编制依据

(1)上级主管部门的批示文件及有关要求。如上级机关对工程的有关指示和要求，建设单位对施工的要求，施工合同中的有关规定等。

(2)经过会审的施工图、设计单位对施工的要求。包括单位工程的全部施工图、会审记录及标准图等有关设计资料；较复杂的建筑设备工程，还要有设备图样及设备安装对土建施工的具体要求；设计单位对新结构、新材料、新技术、新工艺的要求。

(3)施工企业年度施工计划。如本工程开竣工日期的规定，以及与其他项目穿插施工的要求等。

(4)施工组织总设计。如本工程是整个建设项目中的一个组成部分，应把施工组织总设计作为编制依据，这样才能保证建设项目的完整性。

(5)工程预算文件及有关定额。应有详细的分部分项工程量，必要时应有分层、分段、分部位的工程量及定额手册。

(6)建设单位对工程施工可能提供的条件。如供水、供电、供热的情况及可借用作为临时办公、仓库、宿舍的施工用房等。

(7)施工条件。施工单位对本工程能提供的劳动力、技术人员、管理人员的情况，现有机械设备的情况。

(8)施工现场的勘察资料。如标高、地形、地质、水文、气象、交通运输、现场障碍物等情况以及工程地质勘察报告、地形图、测量控制网。

(9)有关的规范、规程和标准。

(10)施工企业对类似工程的施工经验资料。

二、单位工程施工组织设计的编制程序

单位工程施工组织设计的编制程序，是指单位工程施工组织设计各个组成部分形成的先后次序以及相互之间的制约关系。

三、单位工程施工组织设计的内容

根据工程性质、规模、结构特点、技术复杂难易程度和施工条件等，单位工程施工组织设计编制内容的深度和广度也不尽相同。每个单位工程施工组织设计的内容和重点，不能强求一致而应达到一切从真正解决实际问题出发，在施工中起到指导作用。一般来说，应包括下述主要内容：

(1)拟建工程概况及施工特点：主要包括工程建设概况、建筑结构设计概况、施工特点分析和施工条件等内容。

（2）施工方案：主要包括确定各分部分项工程的施工顺序、施工方法和选择适用的施工机械、制定主要技术组织措施。

（3）单位工程施工进度计划表：主要包括确定各分部分项工程名称、计算工程量、计算劳动量和机械台班量、计算工作延续时间、确定施工班组人数及安排施工进度，编制施工准备工作计划及劳动力、主要材料、预制构件、施工机具需要量计划等内容。

（4）单位工程施工平面图：主要包括确定起重、垂直运输机械，搅拌站，临时设施，材料及预制构件堆场布置，运输道路布置，临时供水、供电管线的布置等内容。

（5）主要技术经济指标：主要包括工期指标、工程质量指标、安全指标、降低成本指标等内容。

对于建筑结构比较简单、工程规模比较小、技术要求比较低，且采用传统施工方法组织施工的一般工业与民用建筑，其施工组织设计可以编制得简单一些，称为"施工方案"。其内容一般只包括施工方案、施工进度表、施工平面图，辅以扼要的文字说明，简称为"一案一表一图"。

第二节　工程概况

工程概况是对拟建单位工程的工程特点、建设地点特征、施工条件等作一个简要而突出重点的文字介绍或描述。为了弥补文字介绍或描述的不足，可以附有拟建单位工程的平面、立面、剖面简图或辅助性表格等。

一、工程建设情况

工程建设情况主要介绍拟建工程的建设单位，工程名称、性质、用途和建设的目的，资金来源及工程造价，开竣工日期，设计单位、施工单位、监理单位、施工图样等情况，施工合同是否签订，上级有关文件或要求，以及组织施工的指导思想等。

二、工程建设地点特征

工程建设地点特征主要介绍拟建工程的地理位置、地形、地貌、地质、水文地质、气温、冬季和雨季时间、主导风向、风力和地震烈度等。

三、建筑、结构设计概况

建筑、结构设计概况主要根据施工图样，结合调查资料，简练地概括工程全貌，综合分析，突出重点问题。对新结构、新材料、新技术、新工艺及施工难点作重点说明。

建筑设计概况主要介绍拟建工程的建筑面积、平面形状和平面组合情况、层数、层高、总高、总长、总宽等尺寸及室内外装修的情况。

结构设计概况主要介绍工程的结构特征，如基础的类型，埋置深度，设备基础的形式，主体结构的类型，墙、柱、梁、板的材料及截面尺寸，预制构件的类型及安装位置，楼梯构造及形式，抗震设防程度等。

四、施工条件

施工条件主要介绍拟建工程的"三通一平"情况，当地的交通运输条件，资源生产及供应、加工能力，施工现场大小及周围环境情况，施工单位机械、设备、劳动力的落实情况，内部承包方式，劳动组织形式及施工管理水平，现场临时设施、供水、供电等问题的解决情况。

施工时的技术条件

五、工程施工特点分析

工程施工特点分析主要介绍拟建工程施工特点和施工中关键问题、难点所在，以便突出重点、抓住关键，使施工顺利进行，提高施工单位的经济效益和管理水平。

第三节　施工方案

施工方案的选择是单位工程施工组织设计中的重要环节，是决定整个工程全局的关键。施工方案选择得恰当与否，将直接影响到单位工程的施工效率、进度安排、施工质量、施工安全、工期长短。因此，必须在若干个初步方案的基础上进行认真分析比较，力求选择出一个最趋于经济、合理的施工方案。

在选择施工方案时应着重研究以下四个方面的问题：确定各分部分项工程的施工顺序；确定主要分部分项工程的施工方法和选择适用的施工机械；制定主要技术组织措施；施工方案的技术经济分析。

一、施工顺序的确定

（1）确定施工顺序。确定施工顺序应遵循的基本原则和基本要求，施工顺序是指单位工程中各分部分项工程或专业工程、工序之间施工的先后次序关系。确定施工顺序既是为了按照客观的施工规律组织施工，也是为了解决工种之间的合理搭接，在保证工程质量和施工安全的前提下，充分利用空间，以达到缩短工期的目的。

在实际工程施工中，施工顺序可以有多种。不仅不同类型建筑物的建造过程，有着不同的施工顺序；在同一类型的建筑工程施工中，甚至同一幢房屋的施工，也会有不同的施工顺序。因此，本节的基本任务就是如何在众多的施工顺序中，选择出既符合客观规律，又经济合理的施工顺序。

1）确定施工顺序应遵循的基本原则。

①先地下，后地上。先地下，后地上指的地上工程开始之前，把管道、线路等地下设施、土方工程和基础工程全部完成或基本完成。坚固耐用的建筑需要有一个坚实的基础，从工艺的角度也必须先地下后地上，地下工程施工时应做到先深后浅。这样可以避免对地上部分施工产生干扰，从而带来施工不便，造成浪费，影响工程质量。

②先主体，后围护。先主体，后围护指的是框架结构建筑和装配式单层工业厂房施工中，应先主体结构，后围护工程。同时，框架主体结构与围护工程在总的施工顺序上要合理搭接。一般来说，多层建筑以少搭接为宜，而高层建筑则应尽量搭接施工，以缩短施工工期，而装配式单层工业厂房主体结构与围护工程一般不搭接。

③先结构，后装修。先结构，后装修是指一般情况而言，有时为了缩短施工工期，结构和装修也可以有部分合理的搭接。

④先土建，后设备。先土建，后设备是指无论是民用建筑还是工业建筑，土建施工应先于水、暖、煤、卫、电等建筑设备的施工。但它们之间更多的是穿插配合关系，尤其在装修阶段，要从保证施工质量、降低成本的角度，处理好相互之间的关系。

一般来讲，对于工业厂房土建施工和工艺设备、工业管道安装等的施工顺序，有以下三种施工顺序：

①封闭式。封闭式即土建主体结构完工后，再进行设备安装。这种施工顺序通常适合于设备基础小、埋置深度较浅、设备基础施工时不影响柱基的情况，如机械工业厂房。

封闭式施工顺序的优点是有利于构件的现场预制、拼装和就位，适合选择多种类型的起重机械和开行路线，加快主体结构的施工进度；设备基础在室内施工，不受气候影响；还可利用厂房内的桥式起重机为设备安装服务。其缺点是易出现一些重复工作，如部分柱基础土方的重复挖填、运输道路重复铺设等；设备基础施工条件差，场地受限制；不能提前为设备安装提供工作面，工期较长。

②敞开式。敞开式即先安装工艺设备，然后建造厂房的施工顺序。这种施工顺序适合于设备基础较大且基底埋置较深、设备基础施工将影响厂房柱基的条件下，如冶金、电站等建筑物。

敞开式施工顺序的优缺点正好与封闭式施工顺序相反。

③同建式。同建式即土建工程为设备安装工程创造了必要的条件，同时又采取能够防止被砂浆、混凝土、垃圾等污染的措施时，设备安装与土建施工交叉进行。如建造水泥厂主厂房时，两者同时进行是最适宜的施工顺序。

以上原则并不是一成不变的，在特殊情况下，如在冬期施工之前，应尽可能完成土建和围护工程，以利于施工中的防寒和室内作业的开展，从而达到改善工人劳动环境、缩短工期的目的；又如大板建筑施工，大板承重结构和某些装饰部分宜在加工厂同时完成。因此，随着我国施工技术的发展、企业经营管理水平的提高，以上原则也在进一步完善之中。

2)确定施工顺序的基本要求。

①必须符合施工工艺的要求。建筑物在建造过程中，各分部分项工程之间存在着一定的工艺顺序关系，它随着建筑物结构和构造的不同而发生变化，应在分析建筑物各分部分项工程之间的工艺关系的基础上确定施工顺序。例如，基础工程未做完，其上部结构就不能进行，垫层需在土方开挖后才能施工；采用混合结构时，下层的墙体砌筑完成后方能施工上层楼板。但在框架结构工程中，墙体作为围护或隔断，则可安排在框架施工全部或部分完成后进行。

②必须与采用的施工方法、施工机械协调一致。例如，在装配式单层工业厂房施工中，如采用分件吊装法，则施工顺序是先吊柱，再吊梁，最后吊装屋架及屋面板等。如采用综合吊装法，则施工顺序为一个节间全部构件吊完后，再依次吊装下一个节间，直至构件吊完。

③必须考虑施工组织的要求。当工程的施工顺序有几种方案时，应从施工组织的角度进行分析，选出合理的施工顺序。例如，有地下室的高层建筑，其地下室地面工程可以安排在地下室顶板施工前进行，也可以安排在地下室顶板施工后进行。从施工组织方面考虑，前者施工较方便，上部空间宽敞，可以利用吊装机械直接将地面施工用的材料吊到地下室；而后者，地面材料运输和施工就比较困难。

④必须考虑施工质量的要求。"百年大计、质量第一"，在安排施工顺序时，要以保证和提高工程质量为前提，影响工程质量时要调整或重新安排施工。例如，屋面防水层施工，必须等找平层干燥后才能进行，否则将影响防水工程的质量，特别是柔性防水层的施工。

⑤必须考虑当地的气候条件。例如，在冬期和雨期到来之前，应尽量先做基础工程、室外工程、门窗玻璃工程，为地上和室内工程施工创造条件。这样有利于改善工人的劳动环境，有利于保证工程质量。

⑥必须考虑安全技术和文明施工的要求。在立体交叉、平行搭接施工时，一定要注意安全问题。例如，主体结构施工时，水、暖、煤、卫、电的安装与构件、模板、钢筋等的吊装和安装不能在同一个工作面上，必要时采取一定的安全保护措施。

(2)确定施工流向。施工流向是解决单位工程在空间上的合理施工顺序问题。一般情况下，单层建筑应分区分段地确定在平面上的施工流向；多层建筑除了每层平面上的施工流向外，还要确定在竖向(层间或单元空间)上的施工流向。在确定施工流向时，应考虑以下因素：

1)生产工艺和使用要求。

2)施工繁简程度。一般情况下，技术复杂、施工进度慢、工期长的区段先施工。

3)施工技术和施工组织上的要求。如浇筑混凝土留设施工缝时，应与施工段的划分相一致等。

(3)多层混合结构民用房屋的施工顺序及流向。多层混合结构民用房屋的施工过程，按照房屋结构各部位不同的施工特点，一般分为基础工程、主体工程、屋面及装修工程三个施工阶段。

1)基础工程施工阶段：基础工程是指室内地坪以下的工程。基础工程施工阶段的施工顺序比较容易确定，一般是挖土方→垫层→基础→回填土。具体内容视工程设计而定。如有桩基础工程，则应另列桩基础工程；如有地下室，则施工过程一般是挖土方→垫层→地下室底板→地下室墙柱结构→地下室顶板→防水层及保护层→回填土，但由于地下室结构及构造不同，有些施工内容应有一定的相互配合和交叉。

在基础工程施工阶段，挖土方与垫层这两道工序，在施工安排上要紧凑，时间间隔不宜太长，必要时可将挖土方与垫层合并为一个施工过程。在施工中，可以采取集中人力、分段流水进行施工，以避免基槽（坑）土方开挖后，垫层施工未能及时进行，使基槽（坑）浸水或受冻害，从而使地基承载力下降，造成工程质量事故或引起工程量、劳动力、机械等资源的增加。还应注意的是，混凝土垫层施工后必须有一定的技术间歇时间，使其具有一定的强度后再进行下道工序的施工。各种管沟的挖土、铺设等施工过程，应尽可能与基础工程施工配合，采取平行搭接施工。回填土一般在基础工程完工后一次性分层、对称夯填，避免基础浸泡和为后道工序施工创造条件。当回填土工程量较大且工期较长时，也可将回填土分段与主体结构搭接进行，室内回填土可安排在室内装修施工前进行。

2)主体工程施工阶段：这一施工阶段的施工过程主要包括安装垂直起重运输机械设备，搭设脚手架，墙体砌筑，安装楼板或现浇柱、梁、板、雨篷、阳台、楼梯等施工内容。

在楼板为全现浇的多层砌体结构中，砌墙和现浇楼板是主体工程施工阶段的主导施工过程。两者在各楼层中交替进行，应注意使它们在施工中保持均衡、连续、有节奏地进行。根据每个施工段的砌墙和现浇楼板工程量、工人人数、吊装机械的效率、施工组织的安排等因素计算和确定流水节拍，而其他施工过程则应配合砌墙和现浇楼板组织流水作业和搭接作业进行施工。如脚手架搭设应配合砌墙和现浇楼板逐段逐层进行，其他现浇钢筋混凝土构件的支模、绑筋可安排在现浇楼板的同时或墙体砌筑的最后一步插入。要及时做好模板、钢筋的加工制作工作，以免影响后续工程的按期投入。

3)屋面及装修工程施工阶段：屋面工程的施工应在主体结构完工后紧接着进行。屋面工程的施工，应根据屋面的设计要求逐层进行。例如，柔性屋面的施工顺序按照找平层→保温层→找平层→柔性防水层→保护隔热层依次进行，刚性屋面的施工顺序按照找平层→保温层→找平层→防水层→隔热层依次进行。其中，细石混凝土防水层、分隔缝施工应在主体结构完成后开始并尽快完成，以便为顺利进行室内装修创造条件。为了保证屋面工程质量，防止屋面渗漏这一长期以来未被解决的质量通病，屋面防水在南方常做成"双保险"，即既做柔性防水层，又做刚性防水层。屋面工程施工在一般情况下不划分流水段，它可以和装修工程搭接或平行施工。

装修工程的施工可分为室外装修（檐口、女儿墙、外墙、勒脚、散水、台阶、明沟、水落管等）和室内装修（顶棚、墙面、楼地面、踢脚线、楼梯、门窗、五金及木作、油漆及玻璃等）两个方面的内容。其中，内、外墙及楼地面的饰面是整个装修工程施工的主导施工过程，因此，要着重解决饰面工作的空间顺序，即施工流向。

根据装修工程的质量、工期、施工安全以及施工条件，其施工顺序一般有以下几种：

①室外装修工程一般采用自上而下的施工顺序，是在屋面工程全部完工后室外抹灰从顶层往底层依次逐层向下进行。其施工流向一般为水平向下，如图 5-1 所示。采用这种顺序方案的优点是可以使房屋在主体结构完成后，有足够的沉降和收缩期，从而可以保证装修工程质量，同时便于脚手架的及时拆除。

②室内装修工程有自上而下、自下而上及自中而下再自上而中三种流水施工方案。

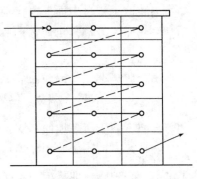

图 5-1　自上而下施工流向(水平向下)

室内装修工程自上而下的施工顺序是指主体工程及屋面防水层完工后，室内装修从顶层往底层依次逐层向下进行。其施工流向又可分为水平向下和垂直向下两种，通常采用水平向下的施工流向，如图 5-2 所示。采用自上而下施工顺序的优点是可以使房屋主体结构完成后，有足够的沉降和收缩期，沉降变化趋向稳定，这样可保证屋面防水工程质量，不易产生屋面渗漏水，也能保证室内装修质量，可以减少或避免各工种操作互相交叉，便于组织施工，有利于施工安全，而且楼层清理也很方便；其缺点是不能与主体及屋面工程施工搭接，故总工期相应拖长。

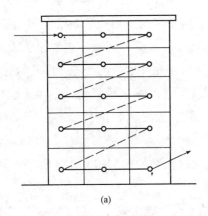
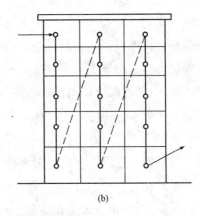

(a)　　　　　　　　　　　　　　　(b)

图 5-2　自上而下的施工流向

(a)水平向下；(b)垂直向下

室内装修自下而上的施工顺序是指主体结构施工到三层以上时(有两层楼板，以确保底层施工安全)，室内装修从底层开始逐层向上进行，一般与主体结构平行搭接施工。其施工流向又可分为水平向上和垂直向上两种，通常采用水平向上的施工流向。为了防止雨水或施工用水从上层楼板渗漏，而影响装修质量，应先做好上层楼板面层，再进行本层顶棚、墙面、楼地面的饰面。采用自下而上施工顺序的优点是可以与主体结构平行搭接施工，可以缩短工期；其缺点是同时施工的工序多、人员多、工序间交叉多，要采取必要的安全措施；材料供应集中，施工机具负担重，现场施工组织和管理比较复杂。因此，只有当工期紧迫时室内装修才考虑采取自下而上的施工顺序。

室内装修工程自中而下再自上而中的施工顺序是指主体结构进行到中部后，室内装修从中部开始向下进行，再从顶层到中部。它综合了上述两者的优缺点，适用于中、高层建筑的装饰工程。

室内装修的单元顺序即在同一楼层内顶棚、墙面、楼地面之间的施工顺序，一般有两种：一种是先楼地面→顶棚→墙面；另一种是先顶棚→墙面→楼地面。这两种施工顺序各有利弊。前者便于清理地面基层，楼地面质量易保证，而且便于收集墙面和顶棚的落地灰，从而节约材料，但要注意楼地面成品保护，否则后道工序不能及时进行；后者则在楼地面施工之前，必须将落地灰清扫干净，否则会影响面层与预制楼板间的粘结，引起地面起壳，而且楼地面施工用水的渗漏可能影响下层墙面、顶棚的施工质量。底层地面装修通常在最后进行。

楼梯间和楼梯踏步，由于在施工期间易受损坏，为了保证装修工程质量，楼梯间和踏步装修往往安排在整个室内其他装修完工之后，自上而下统一进行。门窗的安装可在抹灰之前或之后进行，主要视气候和施工条件而定，但通常是安排在抹灰之后进行。而油漆和安装玻璃次序是应先油漆门窗扇，后安装玻璃，以免油漆时弄脏玻璃。而塑钢及铝合金门窗不受此限制。

在装修工程阶段，当室内有水磨石楼面时，应先做水磨石楼面，再做室外装修，以免施工时渗漏的水影响室外装修质量；当采用单排脚手架砌墙时，由于留有脚手眼需要填补，应先做室外装修，拆除脚手架，同时填补脚手眼，再做室内装修；当装修工人较少时，则不宜采用内外同时施工的施工顺序。一般来说，采用先外后内的施工顺序较为有利。

（4）多层现浇钢筋混凝土框架结构房屋的施工顺序。多层现浇钢筋混凝土框架结构的施工，一般可划分为基础工程、主体结构工程、围护工程和装修及设备安装工程四个施工阶段。

1）基础工程的施工顺序：多层全现浇钢筋混凝土结构房屋的基础工程一般可分为有地下室和无地下室两种。

①若有地下室一层，且房屋建造在软土地基上时，施工顺序一般为：桩基→支护结构→土方开挖→垫层（防水）→地下室底板→地下室墙→柱（防水处理）→地下室顶板→回填土。

②若无地下室，且房屋建造在土质较好的地区时，施工顺序一般为：挖土→垫层基（绑扎钢筋、支模板、浇混凝土、养护、拆模板）→回填土。特别要强调的是，多层框架结构和砖混结构房屋一样，在基础工程施工的过程中均属隐蔽工程，必须组织建设、监理、设计、施工、地质勘察和质量监督等部门对土质情况、基础结构等方面验收合格后，方可进行下一道工序的施工。

2）主体结构工程的施工顺序：框架结构的主导工程是钢筋混凝土。这种结构施工一般按结构层划分施工段（层）。每层现浇框架结构柱、梁、板的施工顺序有如下三种方案：

①柱绑扎钢筋→柱、梁、楼梯安装模板→柱浇混凝土→梁、板、梯绑扎钢筋→梁、板、梯浇混凝土。

②柱绑扎钢筋→柱安装模板→柱浇混凝土→梁、板、梯安装模板→梁、板、梯绑扎钢筋→梁、板、梯浇混凝土。

③柱绑扎钢筋→柱安装模板→梁、板、梯安装模板→梁、板、梯绑扎钢筋→柱、梁、板、梯浇混凝土。

选择哪一种施工顺序要从结构的抗震与非抗震设计特点出发，符合技术上可行和合理的原则，并符合施工验收规范的规定。柱、梁、板、楼梯的支模板、绑钢筋、浇混凝土等施工过程的工程量大，耗用的劳动力和材料多，而且对工程质量和工期起着决定性的作用，故在组织流水施工时应合理划分施工段，这样可以减少施工缝的数量。在每层中先浇筑柱混凝土，再浇筑梁、板、梯混凝土。浇筑每排柱的顺序应由外向内对称地进行，不要由一端向另一端推进，以免柱子模板逐渐受推力倾斜而使误差积累，难以纠正。梁和板应同时浇筑混凝土。

3)围护工程的施工顺序：围护工程的施工包括墙体工程安装、门窗框和屋面工程。墙体工程包括砌筑用脚手架的搭拆，内、外墙砌筑等分项工程。不同的分项工程之间可组织平行、搭接、立体交叉流水施工。屋面工程、墙体工程应密切配合，如在主体结构工程结束后，先进行屋面保温层、找平层施工，待外墙砌筑到顶后，再进行屋面防水层、隔热层的施工。脚手架应配合砌筑工程搭设，在室外装修完成之后，做散水坡之前拆除。内墙的砌筑则应根据内墙的基础形式而定，有的需在地面工程完成后进行，有的则可在地面工程之前与外墙同时进行。

4)装修及设备安装工程的施工顺序：装修工程的施工分室外装修和室内装修。室外装修包括外墙抹灰、装修面层、勒脚、散水、台阶、明沟等施工；室内装修包括顶棚、墙面、楼地面、楼梯等抹灰装修，门窗扇安装，门窗油漆，安玻璃等；水、电、暖等设备安装工程采取预留或预埋孔、管的办法与土建进行交叉施工，由专业施工队负责。其施工顺序与砖混结构房屋的施工顺序基本相同。

(5)装配式单层工业厂房施工顺序。装配式单层工业厂房的施工，按照厂房结构各部位不同的施工特点，一般分为基础工程、预制工程、吊装工程、其他工程四个施工阶段。

在装配式单层工业厂房施工中，有的由于工程规模较大，生产工艺复杂，厂房按生产工艺要求来分区、分段。因此，在确定装配式单层工业厂房的施工顺序时，不仅要考虑土建施工及施工组织的要求，而且还要研究生产工艺流程，即先生产的区段先施工，以尽早交付生产使用，尽快发挥基本建设投资的效益。所以，工程规模较大、生产工艺要求较复杂的装配式单层工业厂房施工时，要分期分批进行，分期分批交付试生产，这是确定其施工顺序的总要求。下面根据中小型装配式单层工业厂房各施工阶段来叙述施工顺序。

1)基础工程阶段。装配式单层工业厂房的柱基大多采用钢筋混凝土杯形基础。基础工程施工阶段的施工过程和施工顺序一般是挖土→垫层→钢筋混凝土杯形基础(也可分为绑筋、支模板、浇混凝土、养护、拆模板)→回填土。如果有桩基础工程，则应另列桩基础工程。

在基础工程施工阶段，挖土与做垫层这两道工序，在施工安排上要紧凑，时间间隔不宜太长。在施工中，挖土、做垫层及钢筋混凝土杯形基础，可采取集中力量、分区、分段进行流水施工。但应注意混凝土垫层和钢筋混凝土杯形基础施工后，必须有一定的技术间歇时间，待其有一定的强度后，再进行下道工序的施工。回填土必须在基础工程完工后及时地一次性分层对称夯实，以保证基础工程质量并及时提供现场预制场地。

装配式单层工业厂房往往都有设备基础，特别是重型工业厂房。设备基础的施工，视其埋置深浅、体积大小、位置关系和施工条件，有两种施工顺序方案，即封闭式施工和敞开式施工。封闭式施工适合设备基础不大，在厂房结构安装后再施工设备基础，设备基础埋置浅(不超过厂房柱基础埋置度)、体积小、土质较好、距柱基础较远和在厂房结构吊装后对厂房结构稳定性并无影响的情况，或冬期、雨期施工时采用。敞开式施工适合于基坑挖土范围已经与厂房基础的基坑挖土连成一片，或其设备基础深于厂房基础，以及厂房所在地土质较差时采用。这两种施工顺序方案各有优缺点，究竟采用哪一种施工顺序方案，应根据工程具体情况，仔细分析、对比后加以确定。

2)预制工程阶段。装配式单层工业厂房的钢筋混凝土结构构件较多。一般包括柱子、基础梁、连系梁、桥式起重机梁、支撑、屋架、天窗架、天窗端壁、屋面板、天沟及檐沟板等构件。

目前，装配式单层工业厂房构件的预制方式，一般采用加工厂预制和现场预制(在拟建车间内部、外部)相结合的预制方式。这里着重阐述现场预制的施工顺序。通常对于构件质量大、批量小或运输不便的，采用现场预制的方式，如柱子、桥式起重机梁、屋架等；对于中小型构件，采用加工厂预制方式。但在具体确定构件预制方式时，应结合构件的技术特征、当地加工厂的生产能力、工期要求、现场施工、运输条件等因素，进行技术分析后确定。

非预应力预制构件制作的施工顺序是：支模板→绑扎钢筋→预埋铁件→浇混凝土→养护→拆模板。

后张法预应力预制构件制作的施工顺序是：支模板→绑扎钢筋→预埋铁件→孔道留设→浇混凝土→养护→拆模板→预应力钢筋的张拉、锚固→孔道灌浆。

预制构件开始制作的日期、位置、流向和顺序，在很大程度上取决于工作面和后续工程的要求。一般来说，只要基础回填土、场地平整完成一部分之后，结构吊装方案一经确定，构件制作即可开始，制作流向应与基础工程的施工流向一致，这样既能使构件制作早日开始，又能及早地交出工作面，为结构吊装尽早创造条件。当采用分件吊装法时，预制构件的制作有三种方案：若场地狭窄而工期又允许时，构件制作可分批地进行，首先制作柱子和桥式起重机梁，待柱子和桥式起重机梁吊装完后再进行屋架制作；若场地宽敞，可依次安排柱、梁及屋架的连续制作；若场地狭窄而工期又要求紧迫，可考虑柱子和桥式起重机梁等构件在拟建车间内部制作，屋架在拟建车间外进行制作。当采用综合吊装法时，预制构件需一次制作，这时视场地具体情况确定构件是全部在拟建车间内部制作，还是一部分在拟建车间外制作。

3) 吊装工程阶段。结构吊装工程是整个装配式单层工业厂房施工中的主导施工过程。其内容依次为柱子、基础梁、桥式起重机梁、连系梁、屋架、天窗架、屋面板等构件的吊装、校正和固定。

当柱基杯口弹线和杯底标高抄平、构件的弹线、吊装强度验算、加固、吊装机械进场等准备工作完成之后，就可以开始吊装。吊装流向通常应与构件制作的流向一致。但如果车间为多跨且有高低跨时，吊装流向应从高低跨柱列开始，以适应吊装工艺的要求。

吊装的顺序取决于吊装方法。若采用分件吊装法时，其吊装顺序是第一次运行吊装柱子，随后校正与固定；第二次运行吊装基础梁、桥式起重机梁、连系梁；第三次运行吊装屋盖构件。有时也可将第二次运行、第三次运行合并为一次运行。若采用综合吊装方法时，其吊装顺序是先吊装 4 根或 6 根柱子，迅速校正固定；再吊装基础梁、桥式起重机梁、连系梁及屋盖等构件，如此逐个节间吊装，直至整个厂房吊装完毕。

厂房两端山墙往往设有抗风柱，抗风柱有两种吊装顺序：第一种是在吊装柱子的同时先吊装该跨一端的抗风柱，另一端抗风柱则待屋盖吊装完之后进行；第二种是全部抗风柱均待屋盖吊装完之后进行。

4) 其他工程阶段。其他工程阶段主要包括围护工程、屋面工程、装修工程、设备安装工程等内容。这一阶段总的施工顺序是：围护工程→屋面工程→装修工程→设备安装工程，但有时也可互相交叉、平行搭接施工。

设备安装包括水、暖、煤、卫、电和生产设备安装。水、暖、煤、卫、电安装与前述多层混合结构民用房屋基本相同。而生产设备的安装，则由于专业性强、技术要求高等，一般由专业公司分包安装。

上述多层混合结构民用房屋、钢筋混凝土框架结构房屋和装配式单层工业厂房的施工顺序，仅适用于一般情况。建筑施工顺序的确定既是一个复杂的过程，又是一个发展的过程，它随着科学技术的发展，人们观念的更新而在不断地变化。因此，针对每一个单位工程，必须根据其施工特点和具体情况，合理确定施工顺序。

二、施工方法和施工机械的选择

正确选择施工方法和施工机械是制定施工方案的关键。单位工程各个分部分项工程均可采用各种不同的施工方法和施工机械进行施工，而每一种施工方法和施工机械又各有优缺点。因此，我们必须从先进、经济、合理的角度出发，选择施工方法和施工机械，以达到提高工程质量、降低工程成本、提高劳动生产率和加快工程进度的预期效果。

1. 拟定施工方法和施工机械的主要依据

在单位工程施工中，施工方法和施工机械的选择主要应根据工程建筑结构特点、抗震烈度、质量要求、工期长短、资源供应条件、现场施工条件、施工单位的技术装备水平和管理水平等因素综合考虑。

2. 拟定施工方法和施工机械的基本要求

(1)着重考虑主导工程的要求。从单位工程施工全局出发，着重考虑影响整个工程施工的主导工程的施工方法和施工机械的选择。凡属施工技术复杂或采用新技术、新工艺、新结构、新材料的分部分项工程；对工程质量起关键作用的分部分项工程；对施工单位来说，某些结构特殊或不熟悉、缺乏施工经验的分部分项工程，在施工方案中应详细说明。

(2)应符合施工组织总设计的要求。例如，本工程是整个建设项目的一个项目，则其施工方法和施工机械的选择应符合施工组织总设计中的有关要求。

(3)应符合施工验收规范及施工操作规程的要求。

(4)应考虑提高工厂化、机械化程度的要求。其是建筑施工发展的需要，也是提高工程质量、降低工程成本、提高劳动生产率、加快工程进度和实现文明施工的有效措施。这里所说的工厂化，是指建筑物的各种钢筋混凝土构件、钢结构构件、木构件、钢筋加工等应最大限度地实现工厂化制作，最大限度地减少现场作业。所说的机械化程度不仅是指单位工程施工要提高机械化程度，还要充分发挥机械设备的效率，减轻繁重的体力劳动。

(5)应符合先进、合理、可行、经济的要求。

(6)应满足工期、质量、成本和安全的要求。

3. 主要分部分项工程的施工方法和施工机械选择

(1)土方工程。

1)确定土方开挖方法、工作面宽度、放坡坡度及开挖量、回填量、外运量。

2)选择土方工程施工所需机具型号和数量。

(2)基础工程。

1)桩基础施工中应根据桩型承台及工期选择所需机具型号和数量。

2)浅基础施工中应根据垫层、基础的施工要点，选择所需机械的型号和数量。

3)地下室施工中应根据防水要求，留置、处理施工缝，大体积混凝土的浇筑要点，模板及支撑要求。

(3)砌筑工程。

1)砌筑工程中根据砌体的组砌方式、砌筑方法及质量要求，进行弹线、立皮数杆、标高控制和轴线引测。

2)选择砌筑工程中所需机具型号和数量。

(4)钢筋混凝土工程。

1)确定模板类型及支模方法，进行模板支撑设计。

2)确定钢筋的加工、绑扎、焊接方法，选择所需机具型号和数量。

3)确定混凝土的搅拌、运输、浇筑、振捣、养护、施工缝的留置和处理的机具型号和数量。

4)确定预应力钢筋混凝土的施工方法，选择所需机具型号和数量。

（5）结构吊装工程。

1）确定构件的预制、运输及堆放要求，选择所需机具型号和数量。

2）确定构件的吊装方法，选择所需机具型号和数量。

（6）屋面工程。

1）确定屋面工程防水各层的做法、施工方法，选择所需机具型号和数量。

2）选择屋面工程施工中所用材料及运输方式。

（7）装修工程。

1）各种装修的做法及施工要点。

2）确定材料运输方式、堆放位置、工艺流程和施工组织。

3）选择所需机具型号和数量。

（8）现场垂直、水平运输及脚手架等搭设。

1）确定垂直运输及水平运输方式、布置位置、开行路线，选择垂直运输及水平运输机具型号和数量。

2）根据不同建筑类型，确定脚手架所用材料、搭设方法及安全网的挂设方法。

三、主要的技术组织措施

任何一个工程的施工，都必须严格执行国家、地方、行业现行的规范、标准、规程等条文，并根据工程特点、施工中的难点和施工现场的实际情况，制定相应技术组织措施。

重点、难点及危险性较大的
分部（分项）工程施工方案

1. 技术措施

对采用新材料、新结构、新工艺、新技术的工程，以及高耸、大跨度、重型构件、深基础等特殊工程，在施工中应制定相应的技术措施。其内容包括：

（1）需要表明的平面、剖面示意图及工程量一览表。

（2）施工方法的特殊要求、工艺流程、技术要求。

（3）水下混凝土及冬期、雨期施工措施。

（4）材料、构件和机具的特点，使用方法及需用量。

2. 保证和提高工程质量措施

保证和提高工程质量措施，可以按照各主要分部分项工程施工质量要求提出，也可以按照总体工程施工质量要求提出。保证和提高工程质量措施，可以从以下几个方面考虑：

（1）保证定位放线、轴线尺寸、标高测量等准确无误的措施。

（2）保证地基承载力、基础、地下结构及防水施工质量的措施。

（3）保证主体结构等关键部位施工质量的措施。

（4）保证屋面、装修工程施工质量的措施。

（5）保证采用新材料、新结构、新工艺、新技术的工程施工质量的措施。

（6）保证和提高工程质量的组织措施，如现场管理机构的设置、人员培训检验制度。

3. 确保施工安全措施

加强劳动保护，保障安全生产，是国家保障劳动人民生命安全的一项重要政策。因此，应提出有针对性的施工安全保障措施，从而杜绝施工中安全事故的发生。施工安全措施，可以从以下几个方面考虑：

(1)保证土方边坡稳定措施。

(2)脚手架、吊篮、安全网的设置及各类洞口防止人员坠落措施。

(3)外用电梯、井架及塔式起重机等垂直运输机具的拉结要求和防倒塌措施。

(4)安全用电和机电设备防短路、防触电措施。

(5)易燃、易爆、有毒作业场所的防火、防爆、防毒措施。

(6)季节性安全措施。如雨季的防洪、防雨，夏季的防暑降温，冬季的防滑、防冻措施等。

(7)现场周围通行道路及居民安全保护隔离措施。

(8)确保施工安全宣传、教育及检查等组织措施落实。

4. 降低工程成本措施

根据工程具体情况，按分部分项工程提出相应的节约措施，计算有关技术经济指标，分别列出节约工料数量与金额数字，以便衡量降低工程成本的效果。其内容一般包括：

(1)合理进行土方平衡调配，以节约台班费。

(2)综合利用吊装机械，减少吊次，以节约台班费。

(3)提高模板安装精度，采用整装整拆，加速模板周转，以节约木材或钢材。

(4)混凝土、砂浆中掺加外加剂或混合料，以节约水泥。

(5)采用先进的钢材焊接技术以节约钢材。

(6)构件及半成品采用预制拼装、整体安装的方法，以节约人工费、机械费等。

5. 现场文明施工措施

(1)施工现场设置围栏与标牌，出入口交通安全，道路畅通，场地平整，安全与消防设施齐全。

(2)临时设施的规划与搭设应符合生产、生活和环境卫生要求。

(3)各种建筑材料、半成品、构件的堆放与管理有序。

(4)散碎材料、施工垃圾的运输应防止各种污染的产生。

(5)及时进行成品保护及施工机具的保养。

四、施工方案的技术经济分析

施工方案的技术经济分析是在众多的施工方案中选择出最优施工方案。一般来说，施工方案的技术经济分析有定性分析和定量分析两种方法。

(1)定性分析。施工方案的定性分析是结合工程实际经验，对若干个施工方案进行优缺点比较，从中选择出比较合理的施工方案。如技术上是否可行、安全上是否可靠、经济上是否合理、资源上能否满足要求等。此方法比较简单，但主观随意性较大。

(2)定量分析。施工方案的定量分析是通过计算施工方案中的主要技术经济指标，进行综合分析比较选择出各项指标较好的施工方案。这种方法比较客观，但指标的确定和计算比较复杂。其主要的评价指标有以下四种：

1)工期指标。当要求工程尽快完成以便尽早投入生产或使用时，选择施工方案就要在确保工程质量、安全和成本较低的条件下，优先考虑缩短工期。另外，要把上级的指令工期、建设单位要求的工期、协议中的合同工期有机地结合起来，确定出一个合理的工期指标。

2)施工机械化程度指标。从我国国情出发，采用土洋结合的办法，积极扩大机械化施工的范围，把机械化施工程度的高低，作为衡量施工方案优劣的重要指标。机械化程度按下式计算：

$$施工机械化程度=\frac{机械完成的实物工程量}{全部实物工程量}\times100\%$$

3)主要材料消耗指标。其主要反映若干施工方案的主要材料节约情况。

4)降低成本指标。其综合反映工程项目或分部分项工程由于采用不同的施工方案而产生不同的经济效果。其指标可以用降低成本额和降低成本率来表示。其计算方法如下：

$$降低成本额=预算成本-计划成本$$

$$降低成本率=\frac{降低成本额}{预算成本}\times100\%$$

第四节　单位工程施工进度计划

单位工程施工进度计划是在施工方案的基础上，根据规定工期和技术物资供应条件，遵循工程的施工顺序，用图表形式表示各分部分项工程搭接关系及工程开、竣工时间的一种计划安排。

某工程施工方案

一、概述

1. 单位工程施工进度计划的作用

(1)单位工程施工进度计划是施工组织设计的重要内容，是施工方案在时间上的反映，是直接指导建筑安装工程的重要文件之一。

(2)单位工程施工进度计划是编制施工作业计划及各项资源需要量计划的依据。

(3)单位工程施工进度计划是确定各分部分项工程的施工时间及其相互之间的衔接、穿插、平行搭接、协作配合等关系的基础。

(4)单位工程施工进度计划是编制月、季度计划的基础。

根据工程规模的大小、结构的复杂难易程度、工期长短、资源供应情况等因素考虑，根据其作用，一般可分为控制性和指导性进度计划两类。控制性进度计划按分部工程来划分施工过程，控制各分部工程的施工时间及其相互搭接配合关系。它主要适用于工程结构较复杂、规模较大、工期较长而需跨年度施工的工程(如体育场、火车站候车大楼等大型公共建筑)，还适用于虽然工程规模不大或结构不复杂但各种资源(劳动力、机械、材料等)不落实的情况，以及由于建筑结构等可能变化的情况。指导性进度计划按分项工程或施工工序来划分施工过程，具体确定各施工过程的施工时间及其相互搭接、配合关系。它适用于任务具体而明确、施工条件基本落实、各项资源供应正常、施工工期不太长的工程。

2. 单位工程施工进度计划的组成

单位工程施工进度计划的表达方式一般有横道图和网络图两种。横道图的表格形式见表5-1。这种图表由两部分组成，一部分反映拟建工程所划分施工过程的工程量、劳动量或台班量、施工人数或机械数、工作班次及工作延续时间等计算内容；另一部分则用横道形象地表示各施工过程的起止时间、延续时间及其搭接关系。

表 5-1　单位工程施工进度计划

序号	施工过程名称	工程量		劳动定额	劳动量		机械		每天工作班数	每班工人数	施工时间	施工进度											
		单位	数量		定额工日	计划工日	机械名称	台班数				月									月		
												2	4	6	8	…	…	…	…	…	…	…	…

3. 单位工程施工进度计划的编制依据

单位工程施工进度计划的编制依据主要包括施工图、工艺设备布置图及有关标准图等技术资料，施工组织总设计对本工程的要求，施工工期要求，施工方案，施工定额以及施工资源供应情况等。

二、单位工程施工进度计划的编制

1. 划分施工过程

编制单位工程施工进度计划时，首先按施工图样和施工顺序划分施工过程，施工过程划分应考虑下述要求：

(1)施工过程划分粗细程度的要求。对于控制性施工进度计划，其施工过程的划分可以粗一些，一般可按分部工程划分施工过程。如开工前准备、打桩工程、基础工程、主体结构工程等。对于指导性施工进度计划，其施工过程的划分可以细一些。要求每个分部工程所包括的主要分项工程均应一一列出，起到指导施工的作用。

(2)注意适当简化施工进度计划的内容，达到简明、清晰的要求。施工过程划分越细，施工进度图表就越显繁杂，重点不突出，增加编制施工进度计划的难度。因此，一些次要的施工过程应合并到主要施工过程中去，如基础防潮层可合并到基础施工过程，如挖土方与垫层合并为一项，组织混合班组施工；同一时期由同一工种施工的也可合并在一起，如墙体砌筑，不分内墙、外墙、隔墙等，而合并为墙体砌筑一项。

(3)施工过程划分的工艺性要求。现浇钢筋混凝土施工，一般可分为支模板、绑扎钢筋、浇筑混凝土等施工过程。一般情况下，现浇钢筋混凝土框架结构的施工应分别列项，而且可分得细一些。如绑扎柱钢筋、安装柱模板、浇捣柱混凝土、安装梁板模板、绑扎梁板钢筋、浇捣梁板混凝土、养护、拆模板等施工过程。如果是砌体结构工程，现浇雨篷、圈梁、厕所及盥洗室的现浇楼板等，即可列为一项，由施工班组的各工种互相配合施工。

抹灰工程一般分室内抹灰和外墙抹灰。外墙抹灰工程可能有若干种装修抹灰的做法要求，一般情况下合并列为一项，也可分别列项。室内的各种抹灰应按楼地面抹灰、顶棚及墙面抹灰、楼梯间及踏步抹灰等分别列项，以便组织施工和安排进度。

(4)施工过程的划分。应考虑所选择的施工方案。如厂房基础采用敞开式施工方案时，柱基础和设备基础可合并为一个施工过程；而采用封闭式施工方案时，则必须列出柱基础、设备基础这两个施工过程。

住宅建筑的水、暖、煤、卫、电等房屋设备安装是建筑工程的重要组成部分，应单独列项；工业厂房的各种机电等设备安装也要单独列项，但不必细分，可由专业队或设备安装单位单独编制其施工进度计划。在土建施工进度计划中列出其施工过程，表明其与土建施工的配合关系。

(5)施工过程对施工进度的影响程度。其可分为三类：第一类为资源驱动的施工过程，这类施工过程直接在拟建工程进行作业，占用时间、资源，对工程的完成与否起着决定性的作用，它在条件允许的情况下，可以缩短或延长工期；第二类为辅助性施工过程，这类施工过程一般不占用拟建工程的工作面，虽需要一定的时间和消耗一定的资源，但不占用工期，故可不列入施工计划以内，如交通运输、场外构件加工或预制；第三类施工过程虽直接在拟建工程进行作业，但它的工期不以人的意志为转移，随着客观条件的变化而变化，其应根据具体情况列入施工计划，如混凝土的养护等。

2. 计算工程量

当确定了施工过程之后，应根据施工图样、工程计算规则来计算工程量。计算时应注意以下几个问题：

(1)工程量的计量单位。每个施工过程的工程量的计量单位应与采用的定额的计量单位相一致。如模板工程以平方米为计量单位；绑扎钢筋以吨为单位计算；混凝土以立方米为计量单位等。因此，在计算劳动量、材料消耗量及机械台班量时就可直接套用定额，不再进行换算。

(2)符合施工方法。计算工程量时，应与采用的施工方法相一致，以便计算的工程量与施工的实际情况相符合。例如，挖土时是否放坡，是否加工作面，坡度和工作面尺寸是多少；开挖方式是单独开挖、条形开挖，还是整片开挖等，不同的开挖方式，土方量相差是很大的。

(3)用预算文件中的工程量。如果编制单位工程施工进度计划时，已编制出预算文件（施工图预算或施工预算），则工程量可从预算文件中抄出并汇总。但是，施工进度计划中某些施工过程与预算文件的内容不同或有出入（如计量单位、计算规则、采用的定额等），则应根据施工实际情况加以修改、调整或重新计算。

3. 套用定额

确定了施工过程及其工程量之后，即可套用定额，以确定劳动量和机械台班量。

有些采用新技术、新材料、新工艺或特殊施工方法的施工过程，定额中尚未编入，此时可参考类似施工过程的定额、经验资料，按实际情况确定。

4. 计算劳动量及机械台班量

根据工程量及确定采用的定额，即可进行劳动量及机械台班量的计算。

5. 初排施工进度

以横道图为例，上述各项计算内容确定之后，即可编制施工进度计划的初步方案。一般常用的编制方法有直接安排的方法和按工艺的组合组织流水的施工方法两种。

(1)直接安排的方法：这种方法是根据经验资料及有关计算，直接在进度表上画出进度线。其一般步骤是先安排主导施工过程的施工进度，再安排其余施工过程，其应尽可能与主导施工过程最大限度地平行施工或搭接施工。

(2)按工艺的组合组织流水的施工方法：这种方法就是先按各施工过程（即工艺组合流水）初排流水进度表，然后将各工艺组合最大限度地搭接起来。

无论采用上述哪种方法编排进度，都应注意以下问题：

1)每个施工过程的施工进度线都应用横道粗实线段表示（初排时可用细铅笔线表示，待检查调整无误后再加粗）。

2)每个施工过程的进度线所表示的时间（天）应与计算确定的延续时间一致。

3)每个施工过程的施工起止时间应根据施工工艺顺序及组织顺序确定。

6. 调整施工进度计划

施工进度计划初步方案编出后，应根据与业主和有关部门的要求、合同规定及施工条件等，先检查各施工过程之间的施工顺序是否合理、工期是否满足要求、劳动力等资源消耗是否均衡，然后再进行调整，直至满足要求，正式形成施工进度计划。总的要求是在合理的工期下尽可能地使施工过程连续进行，以便于资源的合理安排。

三、编制各项资源需用量计划

单位工程施工进度计划编制确定以后，便可着手编制各项资源需要量计划。它们是做好劳动力与物资的供应、平衡、调度、落实的依据，也是施工单位编制施工作业计划的主要依据之一。以下简要叙述各计划表的编制内容及其基本要求。

（1）劳动力需要量计划。本表主要反映单位工程施工中所需的各种技术工人、普工人数，一般按月或旬编制计划。其主要是根据已经确定的施工进度计划提出，按进度表上每天需要的施工人数，分工种进行统计，得出每天所需工种及所需工种人数，按时间进度要求汇总编制的，见表5-2。

表5-2 劳动力需要量计划

序号	工种名称	人数	月			月			月			月		
			上	中	下	上	中	下	上	中	下	上	中	…

（2）主要材料需要量计划。主要材料需要量计划是根据施工预算、材料消耗定额和施工进度计划编制的，主要反映施工过程中各种主要材料的需要量，作为备料、供料和确定仓库、堆场面积及运输量的依据，见表5-3。

表5-3 主要材料需要量计划

序号	材料名称	规格	需要量		需要时间									备注
					月			月			月			
			单位	数量	上	中	下	上	中	下	上	中	下	

（3）机具需要量计划。机具需要量计划是根据施工预算、施工方案、施工进度计划和机械台班数额编制的，主要反映施工所需机械和器具的名称、型号、需用数量及使用时间，见表5-4。

表5-4 机具需要量计划

序号	机具名称	型号	单位	需用数量	使用时间	备注

（4）预制构件需要量计划。构件需要量计划是根据施工图、施工方案及施工进度计划要求编制的。主要反映施工中各种预制构件的需要量及供应日期，并作为落实加工单位以及按所需规格、数量和使用时间组织构件进场的依据，见表5-5。

表5-5 预制构件需要量计划

序号	构件名称	编号	规格	单位	数量	要求进场时间	备注

第五节 单位工程施工平面图

单位工程施工平面图是对拟建的一幢建筑物(或构筑物)的施工现场所作出的平面规划或布置图。一般按1:200～1:500的比例绘制。施工平面图是施工方案在现场空间的体现,布置得合理,现场管理方便,为实现文明施工创造条件,因此,它也是单位工程施工组织设计的重要组成部分。

一、单位工程施工平面图设计的内容

(1)在工程施工区域范围内,已建的和拟建的地上的、地下的建筑物及构筑物的平面尺寸、位置,并标注出河流、湖泊等的位置和尺寸及指北针、风向玫瑰图等。

(2)拟建工程所需的起重机械、垂直运输设备、搅拌机械及其他机械的布置位置,起重机械开行的线路及方向等。

(3)施工道路的布置、现场出入口位置等。

(4)预制构件堆放及预制场地所需面积、布置位置;大宗材料堆场的面积和位置;仓库的面积和位置;装配式结构构件的就位位置。

(5)非生产性临时设施的名称、面积和位置。

(6)临时供电、供水、供热等管线的布置;水源、电源、变压器位置;现场排水沟渠及排水方向。

(7)土方工程的弃土及取土地点等有关说明。

(8)劳动保护、安全、防火及防洪设施布置以及其他需要的布置内容。

二、单位工程施工平面图设计依据和原则

在设计施工平面图之前,必须熟悉施工现场与周围的地理环境;调查研究,收集有关技术经济资料;对拟建工程的工程概况、施工方案、施工进度及有关要求进行分析研究。只有这样,才能使施工平面图设计的内容与施工现场及工程施工的实际情况相符合。

1. 施工平面图设计主要依据

(1)自然条件调查资料,如气象、地形、水文及工程地质资料。其主要用于布置地面水和地下水的排水沟;确定易燃、易爆等有碍人体健康的物质布置位置;安排冬期、雨期施工期间所需设施的地点。

(2)技术经济条件调查资料,如交通运输、水源、电源、物资资源、生产和生活基础设施等资料。其主要用于布置水、电、暖、煤、卫等管线的位置及走向;交通道路、施工现场出入口的走向及位置;临时设施搭设数量的确定。

(3)拟建工程施工图样及有关资料,建筑总平面图上表明的一切地上、地下的已建工程

及拟建工程的位置。其是正确确定临时设施位置，修建临时道路、解决排水等所必需的资料，也是考虑是否可以利用已有的房屋作为施工服务或拆除。

（4）一切已有和拟建的地上、地下的管道位置。设计平面布置图时，应考虑是否可以利用这些管道或是对施工有妨碍而必须拆除或迁移这些管道。同时，要避免把临时建筑物等设施布置在拟建的管道上面。

（5）建筑区域的竖向设计资料和土方平衡图。其对布置水、电管线，安排土方的挖填及确定取土、弃土地点很重要。

（6）施工机具位置。根据施工方案确定的起重机械、搅拌机械等各种机具的数量，安排它们的位置；根据现场预制构件安排要求，作出预制场地规划；根据进度计划，了解分阶段布置施工现场的要求，并如何整体考虑施工平面布置。

（7）根据各种主要材料、半成品、预制构件加工生产计划、需要量计划及施工进度要求等资料，设计材料堆场、仓库等的面积和位置。

（8）建设单位能提供的已建房屋及其他生活设施的面积等有关情况，以便决定施工现场临时设施的搭设数量。

（9）根据现场必须搭建的有关生产作业场所的规模要求，以便确定其面积和位置。

（10）其他需要掌握的有关资料和特殊要求。

2. 施工平面图设计原则

（1）在安全施工和现场施工能比较顺利进行的条件下，要布置紧凑，少占或不占农田，尽可能减少施工占地面积。

（2）最大限度缩短场内运距，尽可能减少二次搬运。各种材料、构件等要根据施工进度并保证能连续施工的前提下，有计划地组织分期、分批进场，充分利用场地；合理安排生产流程，材料、构件要尽可能布置在使用地点附近，需通过垂直运输的，尽可能布置在垂直运输机具服务半径附近，以达到节约用工和减少材料的损耗的目的。

（3）在保证工程施工顺利进行的条件下，尽量减少临时设施的搭设。为了降低临时设施的费用，应尽量利用已有的或拟建的各种设施为施工服务。对必须修建的临时设施尽可能做到装拆方便，布置时要不影响正常工程的施工，避免一次或多次拆建，各种临时设施的布置，应便于生产和生活。

（4）各项布置内容应符合劳动保护、技术安全、防火和防洪的要求。为此，机械设备的钢丝绳、缆风绳以及电缆、电线与管道等要不妨碍交通，保证道路畅通；各种易燃库、棚（如木工、油毡、油料等）等应布置在下风向，并远离生活区域；炸药、雷管要严格控制并由专人保管；根据工程具体情况，要配套考虑各种劳保、安全、消防设施；在山区雨期施工时，应考虑防洪、防泥石流及排涝等措施，做到有备无患。

三、单位工程施工平面设计步骤

1. 起重机械的位置

起重机械的位置直接影响仓库、堆场、砂、石料和混凝土制备站的位置，以及道路和水、电线路的布置等，因此应予以首先考虑。

布置固定式垂直运输设备，如井架、门架等，主要根据机械性能、建筑物的平面和大小、施工段的划分、材料进场方向和道路情况而定。其目的是充分发挥起重机械的能力并使地面和楼面上的水平运距最小。一般说来，当建筑物各部位的高度相同时，布置在施工段的分界线附近；当建筑物各部位的高度不同时，布置在高低分界线处。这样布置的优点是楼面上各施工段水平运输互不干扰。若有可能，井架、门架的位置，以布置在有窗口的地方为宜，以避免砌墙留槎和减少井架拆除后的修补工作。固定式起重运输设备中卷扬机的位置不应距离起重机过近，以便司机的视线能够看到起重机的整个升降过程。

有轨起重机的布置应注意以下几点：

(1)建筑物的平面应处于吊臂回转半径 R 之内，以便直接将材料和构件运至任何施工地点，尽量避免出现"死角"(图 5-3)，图中 B 为轨道中心至建筑物外边缘的垂直距离。

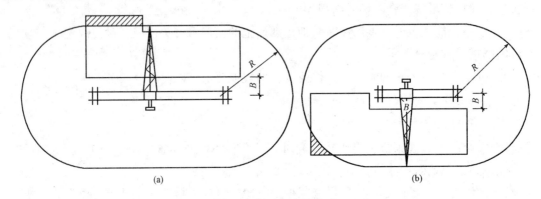

图 5-3 起重机布置方案

(a)南侧布置方案；(b)北侧布置方案

(2)使轨道式起重机运行方便，尽量缩短起重机每吊次的运行时间，增加吊次，提高效率。

(3)尽量缩短轨道长度，以降低铺轨费用。轨道布置方式通常是沿建筑物的一侧或两侧布置，必要时还需增加转弯设备。同时做好轨道路基四周的排水工作。

(4)一部分不在吊臂活动服务半径。R 之内的施工点(即出现了"死角")，在安装最远部位的构件需要水平移动时，移动的最大距离不能超过 1 m 并要有足够的安全措施，以免发生安全事故。无轨自行起重机的运行路线，主要取决于建筑物的平面布置构件的重量、安装高度和吊装方法等。

2. 搅拌站、仓库和材料、构件堆场以及加工厂的位置

(1)布置原则。仓库和材料、构件堆场的位置应尽量靠近使用地点或在起重机起重能力范围内，并考虑到运输和装卸的方便。

1)基础和第一施工层所用的材料，应布置在建筑物的四周。材料堆放位置应与基槽边缘保持一定的安全距离，以免造成基槽土壁的塌方事故。

2）施工层以上所用的材料，应布置在起重机附近。

3）砾石等大宗材料应尽量布置在搅拌站附近。

4）当多种材料同时布置时，对大宗的、重大的和先期使用的材料应布置近些；少量的、轻的和后期使用的材料，则可布置得稍远一些，但应尽量布置在起重机附近。

5）根据不同的施工阶段使用不同材料的特点，在同一位置上可先后布置不同种类的材料。

（2）布置方式。

1）用固定式垂直运输设备时，运送的材料和构件的堆场位置，以及仓库和搅拌站的位置应尽量靠近起重机布置，以缩短运距或减少二次搬运。

2）当采用塔式起重机进行垂直运输时，材料和构件堆场的位置，以及仓库和搅拌站出料口的位置，应布置在塔式起重机的有效起重半径内。

3）当采用无轨自行式起重机进行水平和垂直运输时，材料、构件堆场、仓库和搅拌站等应沿起重机运行路线布置，且其位置应在起重臂的最大外伸长度范围内。木工棚和钢筋加工棚的位置可考虑布置在建筑物四周以外的地方，但应有一定的场地堆放木材、钢筋和成品。石灰仓库和淋灰池的位置要接近砂浆搅拌站并在下风向；沥青堆场及熬制锅的位置要离开易燃仓库或堆场，并布置在下风向。

3. 道路的布置

运输道路的布置主要解决运输和消防两个问题。现场主要道路应尽可能利用永久性道路的路面或路基，以节约费用。现场道路布置时要保证行驶畅通，使运输工具有回转的可能性。因此，运输线路最好绕建筑物布置成环形道路。道路宽度应大于 3.5 m。

4. 临时设施的布置

施工现场的临时设施可分为生产性设施与非生产性设施两大类。

生产性临时设施包括在现场制作加工的作业棚，如木工棚、钢筋加工棚；各种材料库、棚，如水泥库、油料库、卷材库、沥青棚、石灰棚；各种机械操作棚，如搅拌机棚、卷扬机棚、电焊机棚；各种生产性用房，如锅炉房、烘炉房、机修房、水泵房、空气压缩机房等；其他设施，如变压器等。

非生产性临时设施包括各种生产管理办公用房、会议室、文化文娱室、医务室、宿舍、食堂、浴室、开水房、警卫传达室、厕所等。布置临时设施时，应遵循使用方便、有利施工、尽量合并搭建、符合防火安全的原则，同时应结合现场地形和条件、施工道路的规划等因素，综合分析进行合理的布置。各种临时设施均不能布置在拟建工程（或后续开工工程）、拟建地下管沟、取土、弃土等地点。各种临时设施尽可能采用活动式、装拆式结构或就地取材。施工现场范围应设置临时围墙。

5. 水、电、管网

（1）临时给水管一般由建设单位的干管或施工用干管接到用水地点。布置有枝状、环状和混合状等方式，应根据工程实际情况从经济和保证供水两个方面考虑布置方式。管径的大小、龙头数目，根据工程规模出计算确定。管道可埋置于地下，也可铺设在地面上，视气温情况和使用期限而定。工地内要设消火栓，消火栓距离建筑物应不小于 5 m，也不应大于 25 m，距离路边不大于 2 m。条件允许时，可利用城市或建设单位的永久消防设施。有时，为了防止供水的意外中断，可在建筑物附近设置简易蓄水池，储存一定数量的生产和消防用水。如果水压不足时，还应设置高压水泵。

(2)排水及下水。为了便于排除地面水和地下水，要及时修通永久性下水道，并结合现场地形在建筑物四周设置排泄地面水和地下水的沟渠。

(3)施工中的临时供电。应在全工地性综合施工阶段的总平面图中一并考虑。只有独立的单位工程施工时才根据计算出的现场用电量选用变压器或由业主原有变压器供电。变压器的位置应布置在现场边缘高压线接入处，但不宜布置在交通要道口处。现场导线宜采用绝缘线架空或电缆布置。

第六节　施工组织设计技术经济分析

一、施工组织设计技术经济分析的目的

技术经济分析的目的是论证施工组织设计在技术上是否合理、经济上是否合算，通过计算、分析比较，选择技术经济效果最优的方案，为不断改变施工组织设计提供信息，为施工企业提高经济效益，为加强企业竞争力提供途径。技术经济分析既是施工组织设计的内容之一，也是必要的设计手段，对不断提高建筑业技术、组织和管理水平，提高基本建设投资效益是大有好处的。

二、施工组织设计技术经济分析的基本要求

(1)全面分析，对施工的技术方法、组织手段和经济效果进行分析，对施工具体环节及全过程进行分析。

(2)技术经济分析时，应重点抓住"一案、一表、一图"三大重点，即施工方案、施工进度计划表、施工平面图，并以此建立技术经济分析指标体系。

(3)技术经济分析时，要灵活运用定性方法和有针对性地应用定量方法。在作定量分析时，应对主要指标、辅助指标和综合指标区别对待。

(4)经济分析应以设计方案的要求、有关国家规定及工程的实际需要情况为依据进行。

三、施工组织设计技术经济分析的重点

技术经济分析应围绕质量、工期和成本三个主要方面。选择方案的原则是在保证质量的前提下，使工期合理、费用最少、效益最好。

对于单位工程施工组织设计，不同的设计内容应有不同的技术经济分析的重点。

(1)基础工程应以土方工程、现浇混凝土施工、打桩、排水和降水的工期为重点。

(2)结构工程应以垂直运输机械选择、划分流水段组织流水施工、劳动组织安排、现浇钢筋混凝土工程中的三大工种工程(钢筋工程、模板工程及混凝土工程)、脚手架的选用、特殊分项工程的施工技术措施及各项技术组织措施为重点。

(3)装修阶段应以合理安排施工顺序、保证施工质量、组织流水施工、节省材料、技术组织为重点。

单位工程施工组织的技术经济分析的重点是工期、质量、成本、劳动力安排、场地占用、临时设施、节约材料、新技术、新设备、新材料、新工艺的采用。

四、施工组织设计技术经济分析指标

(1)总工期指标：指从破土动工至竣工的全部日历天数。

(2)单方用工量：它反映劳动力的消耗水平，不同建筑物单方用工量之间有可比性。

$$单方用工量=\frac{总用工量(工日)}{建筑面积(m^2)}$$

(3)质量优良品率。质量优良品率是施工组织设计中控制的主要目标之一，主要通过质量保证措施来实现。

(4)材料节约指标：主要材料节约量。主要材料节约量＝预算用量－计划用量。

(5)降低成本指标：降低成本额。降低成本额＝预算成本－计划成本。

➤ 复习思考题

1. 何谓单位工程施工组织设计？其内容包括哪些？
2. 试述单位工程施工组织设计的程序。
3. 施工顺序的基本要求有哪些？
4. 简述多层现浇钢筋混凝土框架结构房屋施工阶段的划分。
5. 试述单位工程施工进度计划的编制步骤。
6. 单位工程施工平面图设计的内容有哪些？应遵守哪些原则？
7. 单位工程施工组织设计技术经济分析的目的和基本要求是什么？

第六章 施工组织总设计

内容提要

本章介绍施工组织总设计的内容和编制步骤，包括工程概况和特点分析、施工部署和施工方案、施工总进度计划、施工总平面图、施工准备和各项资源量计划、计算技术经济指标。

知识目标

1. 了解施工组织总设计的基本概念、内容。
2. 掌握施工总进度计划和资源需要量计划以及全场性临时建工程的编制方法。
3. 熟悉施工总平面图设计方法。

能力目标

1. 能进行施工组织总设计的编制。
2. 能进行建设项目施工方案的选择。
3. 能进行资源需要量计划编制。
4. 能进行施工总平面图的设计。

学习建议

1. 讨论分析施工组织总设计案例，增加感性认识。
2. 熟悉有关的基础资料、有关标准、规范和法规。

第一节 施工部署和施工方案的编制

施工部署是对整个建设项目从全局上做出的统筹规划和全面安排，它要求解决影响建设项目全局的重大战略问题。

施工部署的内容和侧重点根据建设项目的性质、规模和客观条件不同而有所不同。一般应该包括确定工程开展程序、拟定主要工程项目施工方案、编制施工准备工作计划等内容。

一、确定工程开展程序

确定建设项目中各项工程的合理开展程序是关系到整个建设项目先后投产或交付使用的关键。对于小型工业与民用建筑或大型建设项目的某一系统，可以根据工期或生产工艺要求，采取一次性建成投产。对于大型工业建设项目，根据施工总目标和施工组织的要求，应分期分批施工，对于如何进行分期施工的划分应该主要考虑以下几个方面：

(1)实行分期分批建设工程项目，必须满足工程施工合同总工期要求。

(2)应优先安排好现场供水、供电、通信、供热、道路和场地平整，以及各项生产性和生活性施工设施。

(3)各类项目的施工应统筹安排，按生产工艺要求，须先期投入生产或起主导作用的工程项目应先安排施工。

(4)一般工程项目应遵循先地下后地上，先深后浅，先干线后支线的原则进行安排。如地下管线和筑路的程序，应先铺设管线，后在管线上修筑道路。

(5)应考虑季节对施工的影响，把不利于某季节施工的工程，提前到该季节来临之前或推迟到该季节结束之后施工，但应注意保证质量，不拖延进度、不延长工期。

(6)施工程序要考虑安全生产的要求。在安排施工程序时，力求施工过程的衔接不会产生不安全因素，以防止安全事故的发生。

二、拟定主要工程项目施工方案

施工组织总设计中要拟定一些主要工程项目的施工方案。这些项目通常是建设项目中居主导地位、工程量大、施工难度大、工期长，对整个建设项目的建成起关键性作用的建筑物（或构筑物），以及全场范围内工程量大、影响全局的特殊分项工程。拟定主要工程项目的施工方案目的是为了进行技术和资源的准备工作，同时也为了施工顺序开展和现场的合理布置。其内容包括施工方法、施工工艺流程、施工机械设备等。施工方法的确定要兼顾技术的先进性和经济上的合理性；对施工机械的选择，应使主导机械的性能既能满足工程的需要，又能发挥其效能，在各个工程上能够实现综合流水作业，减少其拆、装、运的次数；对于辅助配套机械，其性能应与主导施工机械相适应，以充分发挥主导施工机械的工作效率。

三、编制施工准备工作计划

施工准备工作是顺利完成项目建设任务的一个重要阶段，必须从思想上、组织上、技术上和物资供应等方面做好充分准备，并做好施工准备工作计划。主要内容包括：

(1)安排好场外内外运输、施工用主干道、水电气来源及其引入方案。

(2)安排场地平整方案和全场性排水、防洪。

(3)安排好生产和生活基地建设。包括商品混凝土搅拌站、预制构件厂、钢筋加工厂、木材加工厂、金属结构制作加工厂、机修厂等以及职工生活设施等。

（4）安排建筑材料、成品、半成品的货源和运输、储存方式。

（5）安排现场区域内的测量工作，设置永久性测量标志，为放线定位做好准备。

（6）编制新技术、新材料、新工艺、新结构的试验计划和职工技术培训计划。

（7）冬期、雨期施工做需要的特殊准备工作。

第二节　施工总进度计划

施工总进度计划是根据施工部署和施工方案，合理确定各单项工程的控制工期及它们之间的施工顺序和搭接关系的计划。其作用是确定各个施工项目及其主要工种工程、准备工作和整个工程的施工期限以及开竣工日期。同时，也为制订资源需要量计划、临时设施的建设和进行现场规划布置提供依据。

编制施工总进度计划的基本要求是：保证拟建工程在规定的期限内完成，发挥投资效益、施工的连续性和均衡性、节约施工费用。

1. 列出工程项目一览表并计算工程量

施工总进度计划主要起控制总工期的作用，因此项目划分不宜过细。通常按照分期分批投产顺序和工程开展顺序列出，并突出每个交工系统中的主要工程项目。一些附属项目及民用建筑、临时设施可以合并列出。

在工程项目一览表的基础上，按工程的开展顺序和单位工程计算主要实物工程量。此时计算工程量的目的是确定施工方案和主要施工、运输机械，初步规划主要施工过程的流水施工，估算各项目的完成时间，并计算劳动力和技术物资的需要量等。因此，工程量只需粗略计算即可。

计算工程量，可按初步（或扩大初步）设计图纸并根据各种定额手册进行计算。常用的定额资料有以下几种：

（1）概算指标和扩大结构定额。这两种定额分别按建筑物的结构类型、跨度、层数、高度等分类，给出每 $100\ m^3$ 建筑体积和每 $100\ m^2$ 建筑面积的劳动力和主要材料消耗指标。

（2）万元、十万元投资工程量、劳动力及材料消耗扩大指标。这种定额规定了某一种结构类型建筑、每万元或十万元投资中劳动力、主要材料等消耗数量。根据设计图纸中的结构类型，即可求得拟建工程各分项需要的劳动力和主要材料的消耗数量。

（3）标准设计或已建的同类型建筑物、构筑物的资料。在缺乏上述几种定额手册的情况下，可采用标准设计或已建成的类似工程实际所消耗的劳动力及材料，加以类推，按比例估算。但是，由于和拟建工程完全相同的已建工程是极为少见的，因此在采用已建工程资料时，一般都要进行换算调整。这种消耗指标都是各单位多年积累的经验数据，实际工作中常用这种方法计算。

除房屋外，还必须计算其他全工地性工程的工程量，例如场地平整、铁路、道路及各种管线长度等，这些可根据建筑总平面图来计算。

将上述方法计算出的工程量填入统一的工程量汇总表中，见表6-1。

表6-1　工程项目一览表

工程分类	工程项目名称	结构类型	建筑面积 1 000 m²	幢(跨)数 个	概算投资 万元	主要实物工程量							
						场地平整 1 000 m²	土方工程 1 000 m³	桩基工程 100 m³	…	砖石工程 1 000 m³	钢筋混凝土工程 1 000 m³	…	装饰工程 1 000 m²	…
A 全工地性工程													
B 主体项目													
C 辅助项目													
D 永久住宅													
E 临时建筑													
	合计												

2. 确定各单位工程的施工期限

建筑物或构筑物的施工期限，应根据施工单位的施工技术力量、管理水平、施工项目的建筑结构特征、建筑面积或体积大小、现场施工条件、资金与材料供应等情况综合确定。确定时，还应参考工期定额。工期定额是根据我国各部门多年来的施工经验，在调查统计的基础上，经分析对比后制定的。

3. 确定各单位工程的竣工时间和相互搭接关系

在施工部署中已确定总的施工期限、总的展开程序，再通过上面对各建筑物或构筑物施工期限(即工期)进行分析确定后，就可以进一步安排各建筑物或构筑物的开竣工时间和相互搭接关系及时间。在安排各项工程搭接施工时间和开竣工时间时，应考虑下列因素：

(1)同一时间进行的项目不宜过多，避免人力、物力分散。

(2)要辅—主—辅的安排，辅助工程(动力系统、给水排水系统、运输系统及居住建筑群、汽车库等)应先行施工一部分，这样，既可以为主要生产车间投产时使用又可以为施工服务，以节约临时设施费用。

(3)安排施工进度时，应尽量使各工种施工人员、施工机械在全工地内连续施工，尽量组织流水施工，从而实现人力、材料和施工机械的综合平衡。

(4)要考虑季节影响，以减少施工措施费。一般大规模土方和深基础施工应避开雨季，大批量的现浇混凝土工程应避开冬季，寒冷地区入冬前应尽量做好围护结构，以便冬季安排室内作业或设备安装工程等。

(5)确定一些附属工程或零星项目作为后备项目(如宿舍、商店、附属或辅助车间、临时设施等)，作为调节项目，穿插在主要项目的流水施工，以使施工连续均衡。

(6)应考虑施工现场空间布置的影响。

4. 编制施工总进度计划

施工总进度计划可以用横道图表达，也可以用网络图表达。由于施工总进度计划只是起控制性作用，因此不必搞得过细，若把计划编得过细，由于在实施过程中情况复杂多变，调整计划反而不便。当用横道图表达总进度计划时，项目的排列可按施工总体方案所确定的工程开展程序排列。横道图上应表达出各施工项目的开竣工时间及其施工持续时间。

近年来，随着网络技术的推广，采用网络图表达施工总进度计划，已经在实践中得到广泛应用，用时间坐标网络图表达总进度计划，比横道图更加直观、明了，还可以表达出各项目直接的逻辑关系。同时，由于可以应用电子计算机输出，更便于对进度计划进行调整、优化、统计资源数量，直至输出图表等。

5. 施工总进度计划的调整和修正

施工总进度计划表绘制完后，应对其进行检查，检查应从以下几个方面进行：

(1)是否满足项目总进度计划或施工总承包合同的要求。

(2)各施工项目之间的搭接是否合理。

(3)整个建设项目资源需要量动态曲线是否均衡。

(4)主体工程与辅助工程、配套工程之间是否平衡以及起止时间的要求。

对上述存在的问题，应通过调整优化来解决。

施工总进度计划的调整优化，就是通过改变若干工程项目的工期，提前或推迟某些工程项目的开竣工日期，即通过工期优化、工期-费用优化和资源优化的模式来实现的。

第三节　资源需要量计划

施工总进度计划编号以后，就可以编制各种主要资源的需要量计划。

施工总进度计划
的编制原则

一、综合劳动力和主要工种劳动力计划

劳动力综合需要量计划是规划暂设工程和组织劳动力进场的依据。编制时，首先根据工程量汇总表中分别列出的各个建筑物分工种的工程，查预算定额，便可得到各个建筑物

几个主要工种的劳动量工日数，再根据总进度计划表中各单位工程分工种的持续时间，得到某单位工程在某段时间里平均劳动力数。按同样方法可计算出各个建筑物的各主要工种在各个时期的平均人数。将总进度计划表纵向坐标方向上各单位工程同工种人数叠加在一起并连成一条曲线，即为某工种的劳动力动态曲线图，其他几个工种也用同样方法绘成曲线图，从而可根据劳动力曲线图列出主要工种劳动力需要量计划表。将各主要工种劳动力需要曲线图在时间上叠加，就可以得到综合劳动力曲线图和计划表（表6-2）。

表6-2　建筑项目土建施工劳动力汇总表

序号	工种名称	劳动量/工日	工业建筑及全工地性工程							居住建筑		仓库/加工厂等临时建筑	20××年				20××年	
			工业建筑			道路	铁路	上下水道	电气工程	永久性住宅	临时性住宅		一	二	三	四	一	二
			主厂房	辅助	附属													
1	钢筋工、木工…																	

二、材料、构件及半成品需要计划

根据工种工程量汇总表所列各建筑物的工程量，查"万元定额"或"概算指标"即可估算出各建筑物所需的建筑材料、构件和半成品的需要量。然后根据总进度计划表，大致估计出某些建筑材料在某季度的需要量，从而编制出建筑材料、构件和半成品的需要量计划，见表6-3。

表6-3　建筑项目土建工程所需构件、半成品及主要建筑材料汇总表

序号	类别	构件、半成品及主要材料名称	单位	总计	运输线路	上下水工程	电气工程	工业建筑		居住建筑		其他临时建筑	需要量计划					
								主要	辅助及附属	永久性住宅	临时性住宅		20××年				20××年	
													一	二	三	四	一	二
1	构件及半成品	钢筋混凝土及混凝土、木结构、钢结构、砂浆、细木制品……																
2	主要建筑材料	石灰、砖、水泥、圆木、钢材……																

三、施工机具需要量计划

主要施工机械（如挖土机、起重机等）的需要量，根据施工进度计划、主要建筑物施工方案的工程量，并套用机械产量定额求得；辅助机械可以根据安装工程每 10 万元扩大概算指标求得；运输机具的需要量根据运输量计算。上述汇总结果填入表 6-4 中。

表 6-4　施工机具需要汇总表

序号	机具名称	简要说明 （型号、生产率）	数量	电动机功率 /kW	需要量计划							
					20××年				20××年			
					一	二	三	四	一	二	三	四

第四节　全场性暂设工程

为满足工程项目施工需要，在工程正式开工之前，要按照工程项目施工准备工作计划的要求，建造相应的暂设工程，为工程项目创造良好的施工环境。暂设工程类型的规模因工程而异，主要有工地加工厂组织，工地仓库组织，工地运输组织，办公及福利设施组织，工地供水组织和工地供电组织。

一、工地加工厂组织

1. 工地加工厂类型和结构

（1）工地加工厂类型。工地加工厂类型主要有钢筋混凝土预制构件加工厂、木材加工厂、粗木加工厂、细木加工厂、钢筋加工厂、金属结构构件加工厂和机械修理厂等。

（2）工地加工厂结构。各种加工厂的结构形式，应该根据使用期限长短和建设地区的条件而定。一般使用期限较短者，宜采用简易结构，如一般油毡、钢板或草屋面的竹木结构；使用期限较长者，宜采用瓦屋面的砖木结构、砖石结构或装拆式活动房屋等。

2. 工地加工厂的面积确定

加工厂的建筑面积，主要取决于设备尺寸、工艺过程、设计和安全防火等要求，通常可多参考有关经验指标等资料确定。

对于钢筋混凝土构件预制厂、锯木车间、模板加工车间、细木加工车间、钢筋加工车间（棚）等，其建筑面积可按下式计算：

$$F = \frac{K \cdot Q}{T \cdot S \cdot \alpha}$$

式中　F——所需要建筑面积(m^3)；

　　　K——不均衡系数，取 $1.3\sim1.5$；

　　　Q——加工总量；

　　　T——加工总时间（月）；

　　　S——每平方米场地月平均加工量定额；

　　　α——场地或建筑面积利用系数，取 $0.6\sim0.7$。

常用各种临时加工厂的面积参考指标，见表 6-5。

表 6-5　临时加工厂所需面积参考指标

序号	加工厂名称	年产量		单位产量所需要建筑面积/($m^2 \cdot m^{-3}$)	占地面总面积/m^2	备注
		单位	数量			
1	混凝土搅拌站	m^3	3 200	0.022	按砂石堆场考虑	400 L 搅拌机 2 台
		m^3	4 800	0.021		400 L 搅拌机 3 台
		m^3	6 400	0.020		400 L 搅拌机 4 台
2	临时性混凝土预制厂	m^3	1 000	0.25	2 000	生产屋面板和中小型梁柱板等，配有蒸养设备
		m^3	2 000	0.20	3 000	
		m^3	3 000	0.15	4 000	
		m^3	5 000	0.125	小于 6 000	
3	半永久性混凝土预制厂	m^3	3 000	0.6	9 000~12 000	
		m^3	5 000	0.4	12 000~15 000	
		m^3	10 000	0.3	15 000~20 000	
4	木材加工厂	m^3	15 000	0.024 4	1 800~3 600	进行圆木、木方加工
		m^3	24 000	0.019 9	2 200~4 800	
		m^3	30 000	0.018 1	3 000~5 500	
	综合木工加工厂	m^3	200	0.30	100	加工门窗、模板、地板、屋架等
		m^3	500	0.25	200	
		m^3	1 000	0.20	300	
		m^3	2 000	0.15	420	
	粗木加工厂	m^3	5 000	0.12	1 350	加工屋架、模板
		m^3	10 000	0.10	2 500	
		m^3	15 000	0.09	3 750	
		m^3	20 000	0.08	4 800	
	细木加工厂	万 m^3	5	0.014 0	7 000	加工门窗、地板
		万 m^3	10	0.011 4	10 000	
		万 m^3	15	0.010 6	14 000	
	钢筋加工厂	m^3	200	0.35	280~560	加工、成型、焊接
		m^3	500	0.25	380~750	
		m^3	1 000	0.20	400~800	
		m^3	2 000	0.15	450~900	

二、工地仓库组织

1. 工地仓库类型和结构

(1)工地仓库类型。建筑工程施工中所用仓库有以下几种：

1)转运仓库。设在车站、码头等地，用来转运货物的仓库。

2)中心仓库。贮存整个建筑工地（或区域型建筑企业）所需的材料、贵重材料及需要整理配套的材料的仓库。

3)现场仓库。专为某项工程服务的仓库，一般均就近建在现场。

4)加工仓库。专供某加工厂贮存原材料和已加工的半成品、构件的仓库。

(2)工地仓库结构。工地仓库按保管材料的方法不同，可分为以下几种：

1)露天仓库。用于堆放不因自然条件而影响性能、质量的材料。如砖、砂石、装配式混凝土构件等的堆场。

2)库棚。用于堆放防止阳光、雪、雨直接侵蚀变质的物品、贵重建筑材料、五金器具以及细巧容易散失或损坏的材料。

2. 工地仓库规划

(1)确定工地物资储备量。材料储备一方面要确保工程施工的顺利进行；另一方面还要避免材料的大量积压，以免仓库面积过大，增加投资，积压资金。通常储备量根据现场条件、供应条件和运输条件来确定。

对经常或连续使用的材料，如砖、瓦、砂石、水泥和钢材等，可按储备期按下式计算：

$$P = T_e \frac{Q_i \cdot R_i}{T}$$

式中　P——材料储备量(t 或 m^3)；

　　　T_e——储备期定额(d)；

　　　Q_i——材料、半成品的总需量；

　　　T——有关项目的施工工作日；

　　　R_i——材料使用不均衡系数。

对于用量少、不经常使用或储备期较长的材料，如耐火砖、石棉瓦、水泥管、电缆等可按储备量计算（以年度需要量的百分比储备）。

(2)确定仓库面积。

$$F = \frac{P}{q \cdot K}$$

式中　F——仓库面积(m^2)；

　　　P——仓库材料储备量；

　　　q——每平方米仓库面积能存放的材料、半成品和制品的数量；

　　　K——仓库面积有效利用系数（考虑人行道和车道所占面积）。

三、工地运输组织

1. 工地运输方式及特点

工地运输方式包括铁路运输、水路运输、汽车运输和其他运输等。

(1)铁路运输。铁路运输具有运量大、运距长、不受自然条件限制等优点，但其投资大，筑路技术要求高，只有在拟建工程需要铺设永久性铁路专用线或者工地需从国家铁路上运输大量物料(年运输量在 20 万 t 以上者)时，方可采用铁路运输。

(2)水路运输。水路运输是最经济的一种运输方式，在可能条件下，应尽量采用水路运输。采用水路运输时，应注意与工地内部运输配合，码头上通常要有转运仓库和卸货设备，同时还要考虑洪水、枯水期对运输的影响。

(3)汽车运输。汽车运输是目前应用最广泛的一种运输方式，其优点是机动性大，操作灵活，行驶速度快，适合各类道路和物料，可直接运到使用地点，汽车运输特别适合于货运量不大，货源分散或地形复杂不宜于铺设轨道以及城市和工业区的运输。

(4)其他运输。农用车、拖拉机、马车等运输适宜于较短距离(3~5 km)运送货物。它们具有使用灵活，对道路要求较低，费用低廉等优点。

2. 工地运输规划

(1)确定运输量。运输总量按工程的实际需要量来确定。同时还考虑每日的最大运输量以及各种运输工具的最大运输密度。每日的运输量可用下式计算：

$$q = \frac{\sum Q_i L_i \cdot K}{T}$$

式中　q——日货运量(t·km)；

　　　Q_i——每种货物需要总量；

　　　L_i——每种货物从发货地点到储存地点的距离；

　　　T——有关施工项目的施工总工日；

　　　K——运输工作不均衡系数，铁路运输可取 1.5，汽车运输可取 1.2。

(2)确定运输方式。选择运输方式，必须考虑各种因素的影响，如材料的性质、运输量的大小，超重、超高、超大、超宽设备及构件的形状尺寸、运距和期限、现有机械设备、利用永久性道路的可能性、现场及场外道路的地形、地质及水文自然条件。在有多种运输方案可供选择时，应进行全面的技术经济分析比较，以确定最合适的运输方式。

(3)确定运输工具数量。运输方式确定后，就可计算运输工具的需要量。每一工作台班内所需的运输工具数量计算如下：

$$n = \frac{q}{c \cdot b \cdot K_1}$$

式中　n——运输工具数量；

　　　q——每日货运量；

c——运输工具的台班生产率；

b——每日的工作班次；

K_1——运输工具使用不均衡系数，对于汽车可取 0.6～0.8，马车可取 0.5，拖拉机可取 0.65。

(4)确定运输道路。工地运输道路应尽可能利用永久性道路，或先修永久性道路路基并铺设简易路面。主要道路应布成环形，次要道路可布置成单行线，但应有回车场。要尽量避免与铁路交叉。

四、办公及福利设施组织

1. 办公及福利设施类型

(1)行政管理和生产用房。行政管理和生产用房包括建筑安装机构办公室、传达室、车库及各类材料仓库和辅助性修理车间等。

(2)居住生活用房。居住生活用房包括家属宿舍、职工单身宿舍、招待所、商店、医务所、浴室等。

(3)文化生活用房。文化生活用房包括俱乐部、学校、托儿所、图书馆、邮亭、广播室等。

2. 办公及福利设施规划

(1)确定建筑工地人数。

1)直接参加建筑施工生产的工人，包括施工过程中的装卸与运输工人。

2)辅助施工生产的工人，包括机械维修工人、运输及仓库管理人员、动力设施管理工人、冬期施工的附加工人等。

3)行政及技术管理人员。

4)为建筑工地上居民生活服务的人员。

5)以上各项人员的家属。

上述人员的比例，可按国家有关规定或工程实际情况算，家属人数可按职工人数的一定比例计算，通常占职工人数的 10%～30%。

(2)确定办公及福利设施的建筑面积。建筑施工工地人数确定后，就可按实际使用人数确定建筑面积：

$$S = N \cdot P$$

式中　S——建筑面积(m^2)；

　　　N——人数；

　　　P——建筑面积指标。

计算所需要的各种生活办公所用房屋。应尽量利用施工现场及其附近的永久性建筑物，或者提前修建能够利用的永久性建筑。不足部分修建临时建筑物。临时建筑物修建时，遵循经济、实用、装拆方便的原则，按照当地的气候条件、工期长短确定结构形成。通常有帐篷、装拆式房屋或利用地方材料修建的简易房屋等。

五、工地供水组织

1. 工地供水类型

建筑工地临时供水主要包括生产用水、生活用水和消防用水三种。

2. 工地供水规划

(1)确定用水量。生产用水包括工程施工用水、施工机械用水,生活用水包括施工现场生活用水和生活区生活用水。

1)工程施工用水量。

$$q_1 = K_1 \sum \frac{Q_1 \cdot N_1}{T_1 \cdot b} \cdot \frac{K_2}{8 \times 3\,600}$$

式中 q_1——施工工程用水量(L/s);

       K_1——未预见的施工用水系数(1.05~1.15);

       Q_1——年(季)度工程量(以实物计量单位表示);

       N_1——施工用水定额;

       T_1——年(季)度有效工作日(天);

       b——每天工作班(次);

       K_2——用水不均衡系数。

2)施工机械水用量。

$$q_2 = K_1 \sum Q_2 \cdot N_2 \cdot \frac{K_3}{8 \times 3\,600}$$

式中 q_2——施工机械用水量(L/s);

       K_1——未预见的施工用水系数(1.05~1.15);

       Q_2——同种机械台数(台);

       N_2——施工机械用水定额;

       K_3——施工用水不均衡系数。

3)施工现场生活用水。

$$q_3 = \frac{P_1 \cdot N_3 K_4}{b \times 8 \times 3\,600}$$

式中 q_3——施工现场生活用水量(L/s);

       P_1——施工现场高峰期生活人数;

       N_3——施工现场生活用水定额,视当地气候、工程而定;

       K_4——施工现场生活用水不均衡系数;

       b——每天工作班次。

4)生活区生活用水量。

$$q_4 = \frac{P_2 \cdot N_4 \cdot K_5}{24 \times 3\,600}$$

式中 q_4——生活区生活用水量(L/s)；

P_2——生活区居民人数(人)；

N_4——生活区昼夜全部用水定额；

K_5——施工现场生活用水不均衡系数。

5)消防用水量。

消防用水(q_5)见表 6-6。

表 6-6　消防用水表

序号	用水名称	火灾同时发生次数	单位	用水量
1	居民区消防用水			
	5000 人以内	一次	L/s	10
	10 000 人以内	二次	L/s	10~15
	25 000 人以内	三次	L/s	15~20
2	施工现场消防用水			
	施工现场在 25 公顷以内	一次	L/s	10~5
	每增加 25 公顷递增			5

6)总用水量。

①当 $(q_1+q_2+q_3+q_4) \leqslant q_5$ 时，则 $Q=q_5+\dfrac{1}{2}(q_1+q_2+q_3+q_4)$；

②当 $(q_1+q_2+q_3+q_4) > q_5$ 时，则 $Q=q_1+q_2+q_3+q_4$；

③当工地面积小于 5 公顷，并且 $(q_1+q_2+q_3+q_4) < q_5$ 时，则 $Q=q_5$。

最后计算的总用水量，还应另加 10%，以补偿不可避免的水管渗漏损失。

(2)选择水源。建筑工地临时供水水源，有供水管道和天然水源两种。应尽可能利用现场附近已有供水管道，如果在工地附近没有现成的供水管道或现成给水管道无法使用以及给水管道供水量难以满足使用要求时，才使用江、河、水库、泉水、井水等天然水源。选择水源时应注意下列因素：

1)水量充足可靠。

2)生活用水、生产用水的水质，应符合相应要求。

3)尽量与农业、水资源综合利用。

4)取水、输水、净水设施要安全、可靠、经济。

5)施工、运转、管理和维护方便。

(3)确定供水系统。临时供水系统可由取水设施、贮水构造物(水塔及蓄水池)输水管和配水管线综合而成。

1)确定取水设施。取水设施一般由进水装置、进水管及水泵组成。取水口距离河底(或井底)不得小于 0.25~0.9 m，在冰层下部边缘的距离也不得小于 0.25 m。给水工程所用的水泵有离心泵和活塞泵两种，所用的水泵要有足够的抽水能力和扬程。

2)确定贮水构造物。一般有水池、水塔或水箱。在临时供水时，如水泵房不能连续抽水，则需设置贮水构筑物。其容量以每小时消防用水决定，但不得少于 $10 \sim 20 \ \mathrm{m^3}$。贮水构筑物(水塔)高度应按供水范围、供水对象位置及水塔本身的位置来确定。

3)确定配水管。在计算出工地的总需水量后，可计算出管径，公式如下：

$$D = \sqrt{\frac{4Q \times 1\,000}{\pi \cdot v}}$$

式中　D——配水管管径；

　　　Q——用水量(L/s)；

　　　v——管网中水的流速(m/s)，见表 6-7。

表 6-7　管网中水流速表

管径	流速/(m·s⁻¹)	
	正常时间	消防时间
支管 $D < 0.10 \ \mathrm{m}$	2	
生产消防管道 $D = 0.1 \sim 0.3 \ \mathrm{m}$	1.3	> 3.0
生产消防管道 $D > 0.3 \ \mathrm{m}$	$1.5 \sim 1.7$	2.5
生产用水管道 $D > 0.3 \ \mathrm{m}$	$1.5 \sim 2.5$	3.0

（4）选择管材。临时给水管道，根据管道尺寸和压力大小进行选择，一般干管为钢管或铸铁铁管，支管为钢管。

六、工地供电组织

建筑工地临时供电组织包括计算总用电量、选择电源、确定变压器、确定导线截面面积并布置配电线路。

1. 计算总用电量

施工现场总用电量大体上可分为动力用电量和照明用电量两类。在计算用电量时，应考虑以下几点：

（1）全工地使用的电力机械设备、工具和照明的用电功率。

（2）施工总进度计划中，施工高峰期同时用电数量。

（3）各种电力机械的利用情况。

总用电量可按下式计算：

$$P = 1.05 \sim 1.10 \left[K_1 \frac{\sum P_1}{\cos\varphi} + K_2 \sum P_2 + K_3 \sum P_3 + K_4 \sum P_4 \right]$$

式中　P——供电设备总需要容量(kVA)；

　　　P_1——电动机额定功率(kW)；

　　　P_2——电焊机额定功率(kW)；

　　　P_3——室内照明容量(kW)；

P_4——室外照明容量(kW);

$\cos\varphi$——电动机的平均功率因数(施工现场最高为 0.75~0.78,一般为 0.65~0.75);

K_3,K_4——需要系数,见表 6-8。

表 6-8　需要系数 K 值

用电名称	数量	需要系数		备注
		K	数值	
电动机	3~10 台	K_1	0.7	如施工中需要电热时,应将其用电量计算进去。为使计算接近实际,式中各项用电根据不同性质分别计算
	11~30 台		0.6	
	30 台以上		0.5	
加工厂动力设备			0.5	
电焊机	3~10 台	K_2	0.6	
	10 台以上		0.5	
室内照明		K_3	0.8	
室外照明		K_4	1.0	

单班施工时,最大用电负荷量以动力用电量为准,不考虑照明用电。

各种机械设备以及室外照明用电可以参考有关定额。

2. 选择电源

选择临时供电电源,通常有如下几种方案:

(1)完全由工地附近的电力系统供电,包括在全面开工之前把永久性供电外线工程做好,设置变电站。

(2)工地附近的电力系统能供应一部分,工地还需增设临时电站以补充不足。

(3)利用附近的高压电网,申请临时加设配电变压器。

(4)工地处于新开发地区,没有电力系统时,完全由自备临时电站供给。采取何种方案,须根据工程实际,经过分析比较后确定。通常将附近的高压电,经设在工地的变压器降压后,引入工地。

3. 确定变压器

$$P = K\left(\frac{\sum P_{\max}}{\cos\varphi}\right)$$

式中　P——变压器输出功率(kVA);

K——功率损失系数,取 1.05;

$\sum P_{\max}$——各施工区最大计算负荷(kW);

$\cos\varphi$——功率因数。

根据计算所得容量,在变压器产品目录中选用略大于该功率的变压器。

4. 确定导线截面面积

配电导线要正常工作,必须具有足够的力学强度、耐受电流通过所产生的温升且使得电压损失在允许范围内，因此，选择配电导线有以下三种方法：

(1)按机械强度确定。导线必须具有足够的机械强度以防止受拉或机械损伤而折断。在各种不同敷设方式下，导线按机械强度要求所必需的最小截面可参考有关资料。

(2)按允许电流强度选择。导线必须能承受负荷电流长时间通过所引起的温升。

1)三相四线制线路上的电流可按下式计算：

$$I = \frac{P}{\sqrt{3}V \cdot \cos\varphi}$$

2)二线制线路可按下式计算：

$$I = \frac{P}{V \cdot \cos\varphi}$$

式中　I——电流值(A)；

　　　P——功率(W)；

　　　V——电压(V)；

　　　$\cos\varphi$——功率因数，临时管网取 $0.7\sim0.75$。

制造厂家根据导线的容许温升，制定了各类导线在不同的敷设条件下的持续容许电流值(详见有关资料)，选择导线时，导线中的电流不能超过此值。

(3)按容许电压降确定。导线上引起的电压降必须限制在一定限度内。配电导线截面可用下式确定：

$$S = \frac{\sum P \cdot L}{C \cdot \varepsilon}$$

式中　S——导线断面面积(mm^2)；

　　　P——各段线路负荷计算功率(kW)；

　　　L——送电路的距离(m)；

　　　C——系数，视导线材料、送电电压及配电方式而定；

　　　ε——容许的相对电压降(即线路的电压损失百分比)。照明电路中容许电压降不应超过 $2.5\%\sim5\%$。

所选用的导线截面应同时满足以上三项要求，即以求得的三个截面面积中最大者为准，从导线的产品目录中选用线芯。通常先根据负荷电流的大小选择导线截面，然后再以机械强度和允许电压降进行复核。

第五节　施工总平面图

施工总平面图是拟建建筑项目施工现场的总布置图。它按照施工方案和施工进度的要求，对施工现场的道路交通、材料仓库、附属企业、临时房屋、临时水电管线等做出合理的规划布置，从而正确处理全工地施工期间所需各项设施和永久建筑以及拟建工程之间的空间关系。

一、施工总平面图的设计内容

(1)建设项目施工用地范围内地形和等高线；建设项目施工总平面图上的一切地上、地下已有的和拟建的建筑物、构筑物及其他设施位置和尺寸。

(2)一切为全工地施工服务的临时设施的布置位置，包括：

1)施工用地范围，施工用的各种道路。

2)加工厂、半成品制备站及有关机械的位置。

3)各种建筑材料、半成品、构件的仓库和主要堆场，取土弃土位置。

4)行政管理房、宿舍、文化生活和福利建筑等临时性建筑物。

5)水源、电源、变压器位置，临时给水排水管线和供电、动力设施。

6)机械站、车库位置；特殊图例、方向标志、比例尺等。

7)一切安全、环境保护及消防设施位置。

(3)永久性测量放线标桩位置。

二、施工总平面图的设计原则

(1)保证施工顺利进行前提下，尽量减少施工用地，不占或少占农田，使平面布置紧凑合理。

(2)合理布置起重机械与各项施工设施，科学规划施工道路；材料及半成品仓库应靠近使用地点，避免材料二次搬运，保证运输方便通畅。

(3)施工区域划分和场地的确定，应符合施工流程要求，尽量减少专业工种和各工程之间的相互干扰。

(4)充分利用各种永久性建筑物、构筑物和原有设施为施工服务，降低临时设施的费用。

(5)各种生产生活设施应便于工人的生产和生活。

(6)满足安全防火和劳动与环境保护的要求。

三、施工总平面图的设计依据

(1)各种设计资料，包括建筑总平面图、地形地貌图、区域规划图、建设项目范围内有关的一切已有和拟建的各种设施及地下管网位置等。

(2)建设地区的自然条件和技术经济条件。

(3)建设项目的建设概况、施工方案、施工进度计划，以便了解各施工阶段情况，合理规划施工场地。

(4)各种建筑材料、构件、加工品、施工机械和运输工具需要量一览表，以及它们所需要的仓库、堆场面积和尺寸。

(5)各构件加工厂及其他临时设施的数量和外廓尺寸。

(6)安全、防火规范。

四、施工总平面图的设计步骤

1. 场外交通的引入

设计全工地性施工总平面图时，首先应从研究大宗材料、成品、半成品、设备等进入工地的运输方式入手。当大宗材料由铁路运来时，首先要解决铁路的引入问题；当大批材料是由水路运输时，应首先考虑原有码头的运用和是否增设专用码头问题；当大批材料是由公路运入工地时，由于汽车线路可以灵活布置，因此，一般先布置场内仓库和加工厂，然后再布置场外交通的引入。

(1)铁路运输。当大量物资由铁路运入工地时，应首先解决铁路由何处引入及如何布置问题。一般大型工业企业、厂区内都设有永久性铁路专用线，通常可将其提前修建，以便为工程施工服务。但由于铁路的引入将严重影响场内施工的运输和安全，因此，铁路的引入应靠近工地一侧或两侧。仅当大型工地分为若干个独立的工区进行施工时，铁路才可引入工地中央。此时，铁路应位于每个工区的侧边。

(2)水路运输。当大量物资由水路运进现场时，应充分利用原有码头的吞吐能力。当需增设码头时，卸货码头不应少于两个，且宽度应大于 2.5 m，一般用石或钢筋混凝土结构建造。

(3)公路运输。当大量物资由公路运进现场时，由于公路布置较灵活，一般先将仓库、加工厂等生产性临时设施布置在最经济合理的地方，再布置通向场外的公路线。

2. 仓库与材料堆场的布置

仓库与材料堆场的布置通常考虑设置在运输方便、位置适中、运距较短并且安全防火的地方，并区别不同材料、设备和运输方式来设置。

(1)当采用铁路运输时，仓库通常沿铁路线布置，并且要留有足够的装卸前线。如果没有足够的装卸前线，必须在附近设置转运仓库。布置铁路沿线仓库时，应将仓库设置在靠近工地一侧，以免内部运输跨越铁路。同时仓库不宜设置在弯道处或坡道上。

(2)当采用水路运输时，一般应在码头附近设置转运仓库，以缩短船只在码头上的停留时间。

(3)当采用公路运输时，仓库的布置较灵活。一般中心仓库布置在工地中央或靠近使用的地方，也可以布置在靠近于外部交通连接处。砂石、水泥、石灰、木材等仓库或堆场宜布置在搅拌站、预制场和木材加工厂附近；砖、瓦和预制构件等直接使用的材料应该直接布置在施工对象附近，避免二次搬运。工业项目建筑工地还应考虑主要设备的仓库(或堆场)，一般笨重设备应尽量放在车间附近，其他设备仓库可布置在外围或其他空地上。

3. 加工厂布置

各种加工厂布置，应以方便使用、安全防火、运输费用最少、不影响建筑安装工程施工的正常进行为原则；一般将加工厂集中布置在同一个地区，且应多处于工地边缘。各种加工厂应与相应的仓库或材料堆场布置在同一地区。

（1）混凝土搅拌站。根据工程的具体情况可采用集中、分散或集中与分散相结合的三种布置方式。当现浇混凝土量大时，宜在工地设置混凝土搅拌站；当运输条件好时，以采用集中搅拌或选用商品混凝土最有利；当运输条件较差时，以分散搅拌为宜。

（2）预制加工厂。一般设置在建设单位的空闲地带上，如材料堆场专用线转弯的扇形地带或场外临近处。

（3）钢筋加工厂。区别不同情况，采用分散或集中布置。对于需进行冷加工、对焊、点焊的钢筋和大片钢筋网，宜设置中心加工厂，其位置应靠近预件构件加工厂；对于小型加工件，利用简单机具成型的钢筋加工，可在靠近使用地点的分散的钢筋加工棚里进行。

（4）木材加工厂。要视木材加工的工作量、加工性质和种类决定是集中设置还是分散设置几个临时加工棚。一般原木、锯材堆场布置在铁路专用线、公路或水路沿线附近；木材加工场应设置在这些地段附近；锯木、成材、细木加工和成品堆放，应按工艺流程布置。

（5）砂浆搅拌站。对于工业建筑工地，由于砂浆量小、分散，可以分散设置在使用地点附近。

（6）金属结构、锻工、电焊和机修等车间。由于它们在生产上联系密切，应尽可能布置在一起。

4. 布置内部运输道路

根据各加工厂、仓库及各施工对象的相对位置，研究货物转运图，区分主要道路和次要道路，进行道路的规划。规划厂区内道路时，应考虑以下几点：

（1）合理规划临时道路与地下管网的施工程序。在规划临时道路时，应充分利用拟建的永久性道路，提前修建永久性道路或者先修路基和简易路面，作为施工所需的道路，以达到节约投资的目的。

（2）保证运输通畅。道路应有两个以上进出口，道路末端应设置回车场地，且尽量避免临时道路与铁路交叉。厂内道路干线应采用环形布置，主要道路宜采用双车道，宽度不小于 6 m，次要道路宜采用单车道，宽度不小于 3.5 m。

（3）选择合理的路面结构。临时道路的路面结构，应当根据运输情况和运输工具的不同类型而定。一般场外与省、市公路相连的干线，因其以后会成为永久性道路，因此，一开始就建成混凝土路面；场区内的干线和施工机械行驶路线，最好采用碎石级配路面，以利修补。场内支线一般为土路或砂石路。

5. 行政与生活临时设施布置

行政与生活临时设施包括：办公室、汽车库、职工休息室、开水房、小卖部、食堂、俱乐部和浴室等。要根据工地施工人数计算这些临时设施和建筑面积。应尽量利用建设单位的生活基地或其他永久建筑，不足部分另行建造。

6. 临时水电管网及其他动力设施的布置

（1）当有可以利用的水源、电源时，可以将水电从外面接入工地，沿主要干道布置干管、主线，然后与各用户接通。临时总变电站应设置在高压电引入处，不应放在工地中心；临时水池应放在地势较高处。

（2）当无法利用现有水电时，工地中心或工地中心附近应设置临时发电设备，沿干道布置主线；利用地上水或地下水，并设置抽水设备和加压设备（简易水塔或加压泵），以便储水和提高水压。

（3）根据工程防火要求，应设立消防站，一般设置在易燃建筑物附近，并须有通畅的出口和消防车道，其宽度不宜小于 6 m，与拟建房屋的距离不得大于 25 m，也不得小于 5 m，沿道路布置消火栓时，其间距不得大于 10 m，消火栓到路边的距离不得大于 2 m。

（4）为安全保卫考虑，可设围墙，并在出入口处设门岗。

五、施工总平面图的设计优化方法

如图 6-1 所示，在施工总平面设计时，为使场地分配、仓库位置确定，管线道路布置更为经济合理，需要采用一些优化计算方法。下面介绍的是几种常用的优化计算方法。

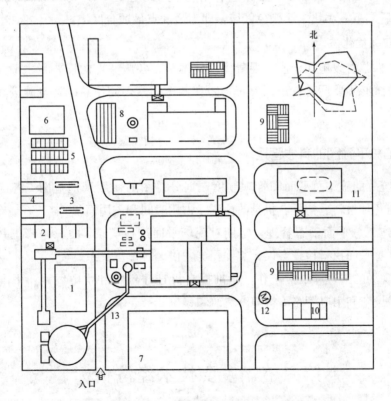

图 6-1　施工总平面图

1—砂浆混凝土搅拌棚；2—砂、石、灰堆场；3—钢筋堆场；4—钢筋棚；

5—构件堆场；6—钢、木模堆场；7—木工棚；8—钢管、脚手料堆场；

9—砖堆场；10—食堂工地；11—工地办公室；

12—施工用电源；13—施工用水源

1. 场地分配优化法

施工总平面通常要划分为几块场地，供几个专业工程施工使用。根据场地情况和专业工程施工要求，某一块场地可能会适用一个或几个专业化工程使用，但施工中，一个专业工程只能使用一块场地，因此需要对场地进行合理分配，满足各自施工要求。

2. 区域叠合优化法

施工现场的生活福利设施主要是为全工地服务的，因此它的布置应力求位置适中，使用方便，节省往返时间，服务点的受益大致均衡。确定这类临时设施的位置可采用区域叠合优化法。区域叠合优化法是一种纸面作业法，其步骤如下：

(1)在施工总平面图上将各服务点的位置一一列出，按各点所在位置画出外形轮廓图。

(2)将画好的外形轮廓图剪下，进行第一次折叠，折叠的要求是：折过去的部分最大限度地重合在其余面积之内。

(3)将折叠的图形展开，把折过去的面积用一种颜色涂上(或用一种线条、阴影区分)。

(4)再换一个方向，按以上方法折叠、涂色。如此重复多次(与区域凸顶点个数大致相同次数)，最后剩下一小块未涂颜色区域，即为最优点最适合区域。

3. 选点归邻优化法

各种生产性临时设施如仓库、混凝土搅拌站等，各服务点的需要量一般是不同的，要确定其最佳位置必须要同时考虑需要量与距离两个因素，需使总的运输吨公里数最小，即满足目标函数。

六、施工总平面图的科学管理

(1)建立统一的施工总平面图管理制度，划分总图的使用管理范围。各区各片有人负责。严格控制各种材料、构件、机具的位置、占用时间和占用面积。

(2)实行施工总平面动态管理，定期对现场平面进行实录、复核，修正其不合理的地方，定期召开总平面执行检查会议，奖优罚劣，协调各单位关系。

(3)做好现场的清理和维护工作，不准擅自拆迁建筑物和水电线路，不准随意挖断道路。大型临时设施和水电管路不得随意更改和移位。

第六节　主要技术经济指标

一、施工组织总设计的技术经济指标体系

施工组织总设计编制完成后，还需要对其技术经济分析评价，以便进行方案改进或多方案优选，施工组织总设计的技术经济指标应反映出设计方案的技术水平和经济性，一般常用的指标有：施工工期(从建设项目正式工程开工到全部投产使用为止的持续时间)、劳

动生产率(包括全员劳动生产率、非生产人员比例、劳动力不均衡系数)、临时工程费用比(即全部临时工程费用与建安工程总值之比)、机械化施工程度、流水施工不均衡系数、专业化施工水平、节约三大材料百分比、安全指标以及工程质量等。

施工组织总设计的主要技术指标的计算方式如下。

1. 工期指标

(1)总工期(d)：从工程破土动工到竣工的全部日历天数。

(2)施工准备期(d)：从施工准备开始到主要项目开工日止。

(3)部分投产期(d)：从主要项目开工到第一批项目投产使用日止。

2. 质量指标

质量指标是施工组织设计中确定的控制目标。其计算公式为

$$质量优良品率(\%)=\frac{优良工程个数(或面积)}{施工项目总个数(或总面积)}$$

3. 劳动指标

(1)劳动力均衡系数(%)，它表示整个施工期间使用劳动力的均衡程度：

$$劳动力均衡系数=\frac{施工高峰人数}{施工期平均人数}$$

(2)单方用工(工日/m²)，它反映劳动的使用和消耗水平：

$$单方用工=\frac{总工数}{建筑面积}$$

(3)劳动生产率(元/工日)，它表示每个生产工人或建安工人每工日所完成的工作量：

$$劳动生产率=\frac{总工作量}{总工数}$$

4. 机械化施工程度

机械化施工程度(%)用机械化施工所完成的工作量与总工作量之比来表示：

$$机械化施工程度=\frac{机械化施工完成的工作量}{总工作量}$$

5. 工厂化施工程度

工厂化施工程度(%)是指在预制加工厂里施工完成的工作量与总工作量之比：

$$工厂化施工程度=\frac{预制加工完成的工作量}{总工作量}$$

6. 材料使用指标

(1)主要材料节约量。其主要靠施工技术组织措施实现的材料节约量。

$$主要材料节约量=预算用量-施工组织设计计划用量$$

(2)材料节约率(%)：

$$主要材料节约率=\frac{主要材料节约量}{主要材料预算用量}$$

7. 降低成本指标

(1)降低成本额(元)。降低成本额是指靠施工技术组织措施实现的降低成本金额。

(2)降低成本率(%):

$$降低成本率 = \frac{降低成本额}{总工作量}$$

8. 临时工程投资比例

临时工程投资比例(%)是指全部临时工程投资费用与总工作量之比,表示临时设施费用的指出情况。

$$临时工程投资比例 = \frac{全部临时工程投资额}{总工作量}$$

二、施工组织总设计技术经济评价方法

每一项施工活动都可以采用不同的施工方法和应用不同的施工机械,不同的施工方法和不同的施工机械对工程的工期、质量和成本费用等影响都不同。因此,在编制施工组织总设计时,应根据现有的以及可能获得的技术和机械情况,拟定几个不同的施工方案,然后从技术上、经济上进行分析比较,从中选出最合理的方案。把技术上的可能性与经济上的合理性统一起来,以最少的资源消耗获得最佳的经济效果,多、快、省地完成施工任务。

对施工组织设计进行技术经济分析,常用的有定性分析法和定量分析法两种方法。施工组织总设计的技术经济分析以定性分析为主,定量分析为辅。

1. 定性分析法

定性分析法是根据实际施工经验对不同施工方案进行分析比较。定性分析法主要凭借经验进行分析、评价,虽比较方便,但精确度不高,也不能优化,决策易受主观因素的制约,一般常在施工实践经验比较丰富的情况采用。

2. 定量分析法

定量分析法是对不同的施工方案进行一定的数学计算,将计算结果进行优劣比较。如有多个计算指标的,为便于分析、评价,常常对多个计算指标进行加工,形成单一(综合)指标,然后进行优劣比较。

➤ 本章小结

施工组织总设计是以整个建设项目为对象,根据初步设计或扩大初步设计图纸以及其他有关资料和现场施工条件编制,用以指导全工地各项施工准备和施工活动的技术经济文件。一般由建设总承包单位或建设主管部门领导下的工程建设指挥部负责编制。

本章主要介绍施工组织总设计的内容和编制方法，包括工程概况、施工部署和施工方案、施工总进度计划、施工总平面图、施工各项资源量计划及主要技术经济指标。

▷ 复习思考题

1. 什么是施工组织总设计？包括哪些内容？
2. 施工部署的内容有哪些？
3. 施工总方案拟定的主要目的是什么？
4. 简述施工总进度计划的编制步骤。
5. 施工准备工作需要编制哪些计划？
6. 施工总平面图的基本内容和设计原则是什么？
7. 简述施工总平面图的设计步骤。
8. 施工总平面图的优化方法有哪些？
9. 施工组织总设计的技术经济指标主要有哪些？
10. 进行施工组织设计技术经济分析的方法有哪几种？

▷ 思考与实践

试编制某工程施工组织总设计。

第七章　建筑施工项目管理组织

内容提要

建筑施工项目管理组织是建设工程项目组织内，为了完成施工项目，由从事管理工作的人和部门按照一定规则组织起来的临时性机构，以及该机构为实现建筑施工项目目标所进行的各项组织工作的总称。

本章内容主要包括建筑施工项目管理组织概述；施工项目经理部；施工项目经理；施工项目团队管理。

知识目标

1. 理解建筑施工项目管理组织的概念。
2. 掌握施工项目经理部的作用。
3. 掌握施工项目经理部管理制度和施工项目经理的任务。
4. 掌握施工项目团队建设应满足的条件。

能力目标

1. 对建筑施工项目管理组织的概念有深刻的理解和认识。
2. 将 BIM 知识与建筑施工项目管理组织的知识进行融合理解。

学习建议

1. 参观一个建筑施工项目经理部，增强对本章中概念的感性认识。
2. 参加一次关于建筑施工项目管理的分享会，增强对项目管理工作的认识。
3. 参加一次基于 BIM 的项目管理分享会，增强对 BIM 技术在施工项目管理中的作用的认识。

第一节　概论

一、建筑施工项目管理组织的概念

1. 组织的概念

组织一词具有两种含义：一是作为名词，指的是按照一定的领导体制、部门设置、层次划分、职能分工、规章制度和信息系统等目标而建立的管理机构；二是作为动词，指的是组织行为活动，即通过一定的权利和影响力，为达到一定目标，对所需资源进行合理配置，处理人和人、人和事、人和物之间的关系的行为。

2. 组织结构模式

组织论有三个重要的组织工具，分别是项目结构图、组织结构图、合同结构图。

项目结构图，是通过树状图的形式对项目的结构进行分解表达。矩形框表示工作任务，各个矩形框之间通过实线连接，如图 7-1 所示。

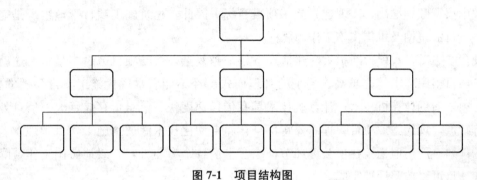

图 7-1　项目结构图

组织结构图可以反映组织中各个部分之间的组织关系（各个成员之间的指令关系）。在组织结构图中，矩形框表示工作部门，箭头由上级指向下级，如图 7-2 所示。

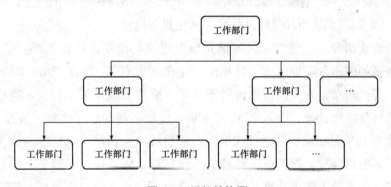

图 7-2　组织结构图

合同结构图可以反映参与方之间的合同关系。在合同结构图中，矩形框表示项目参与方，它们之间由双箭头连接，如图 7-3 所示。

组织结构模式反映了一个组织系统中各子系统系统之间和各工作部门之间的指令关系。组织分工反映了各子系统的工作任务分工和管理职能分工。组织

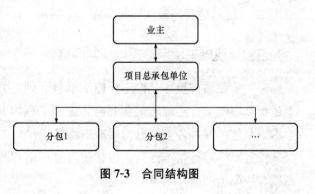

图 7-3　合同结构图

结构模式和组织分工是一种静态的组织关系。而工作流程组织则反映了一个组织系统中各项工作之间的逻辑关系，是一种动态关系。在一个施工项目实施工程中，其管理工作的流程、信息处理的流程和物资采购流程等都属于工作流程组织的范畴。

3. 建筑施工项目管理组织的概念

建筑施工项目管理组织是建设工程项目组织内，为了完成施工项目，由从事管理工作的人和部门按照一定科学设计组织起来的临时性机构，以及该机构通过自身所具备的能力，合理配置项目实施所需要的人工、材料、机械，协调组织内外部的工作人员，确保项目实施过程中信息顺畅准确，实现建筑施工项目目标。因此，建筑施工项目管理组织是完成建筑施工项目的机构及机构实施工作的总称。

现代施工项目规模不断扩大、建造形态越来越复杂，参与项目方越来越多，这就使得对施工项目组织要求越来越高。传统的管理模式已经不能满足现代施工项目管理的要求，这就必须要借助计算机技术。计算机技术具有传播速度快、信息量存储巨大、信息处理速度快等特点，现代施工项目管理需要将信息化、自动化技术渗透到施工项目管理中，进行合理的规划、严格地把控各项关键环节，综合平衡各个参与方，有效地协调工作，降低风险，使项目可以按照计划完成。

4. 基于 BIM 技术的建筑施工项目组织

自 2015 年 6 月住建部《关于印发推进建筑信息模型应用指导意见的通知》出台以来，到 2020 年末，建筑行业甲级勘察、设计单位以及特级、一级房屋建筑工程施工企业应掌握并实现 BIM 与企业管理系统和其他信息技术一体化进程应用。

虽然现阶段我国经济高速发展，城镇化建设迅速，但是建筑施工企业信息化水平低，管理粗放，与新加坡、欧美等国家项目相比，存在很多不足。二维 CAD 图纸表达不全面，施工项目各个部门与参建方之间信息沟通不顺畅，质量管理发挥不到位，造价数据分析程度低，不能达到精细化管理。引入 BIM 技术后，施工项目组织工作模式发生系统的改变，BIM 数据中含有从项目建设前到项目施工中到最后竣工交付的全部信息，为工程提供巨大的支持，可以使项目经理、资料员、材料员、预算员、质检员、安检员、监理、业主等项目参与方在同一个平台上实现数据共享，使沟通效率增加、协作更密切、管理更有效，实现理想的建筑项目信息积累，弥补传统项目管理模式的不足。传统的施工项目管理模式与引用 BIM 技术的管理模式对比如图 7-4 所示。

二、建筑施工项目管理组织的内容

施工单位通过投标获得工程施工承包合同，并以施工合同所界定的工程范围，设置组织运行基本框架；实施施工合同所界定的工程内容；协调施工项目管理组织内部及项目各个参建单位，使得各方信息沟通准确流畅。

设置组织运行基本框架，包括设置合理的组织结构形式、岗位分工职权、合理的分配制度、协调组织内外人员的沟通原则。

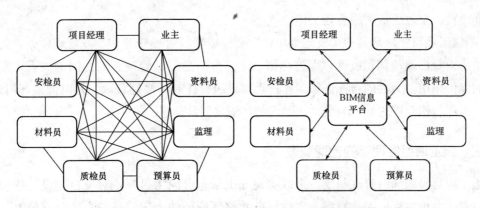

图 7-4　传统的施工项目管理模式与引用 BIM 技术的管理模式对比

实施施工合同所界定的工程内容，根据组织内部人员能力，通过培训、激励、奖惩等方法，鼓舞组织内成员时期，共同实现施工合同内容。

协调施工项目管理组织内部及项目各个参建单位，建筑施工项目是在一个长时间进行的有序过程之中按阶段变化的。随着项目的进行，组织形式及人员会发生变化，以及工作环境会发生变化，管理者必须做出设计、提出措施、进行有针对性的动态管理，并使资源优化组合，以提高施工效率和施工效益。

三、建筑施工项目管理组织的形式

建筑施工项目管理组织的形式是指施工项目管理组织中处理管理层次、管理跨度、部门设置和向下级关系的组织方式。其主要管理形式有工作队式、部门控制式、矩阵式、事业部式、直线职能式。

第二节　施工项目经理部

一、施工项目经理部的作用

施工项目经理部是由施工企业授权的项目经理领导，代表施工企业从项目开始到竣工履行合同内容的临时机构。

施工项目经理部的作用有以下几项：

(1)施工项目经理部是企业在某一工程项目上的一次性管理组织机构，由企业委任的施工项目经理领导。

(2)施工项目经理部对施工项目从开工到竣工的全过程实施管理，对作业层负有管理和服务的双重职能，其工作质量好坏将对作业层的工作质量有重大影响。

(3)施工项目经理部是代表企业履行工程承包合同的主体，是对最终建筑产品和建设单位全面负责、全过程负责的管理实体。

（4）施工项目经理部是一个管理组织体，要完成项目管理任务和专业管理任务；凝聚管理人员的力量，调动其积极性，促进合作；协调部门之间、管理人员之间的关系，发挥每个人的岗位作用，为共同目标进行工作；贯彻组织责任制，搞好管理；及时沟通部门之间，项目经理部与作业层之间、与公司之间、与环境之间的信息。

二、施工项目经理部的管理制度

施工项目经理部的管理制度，是以实现施工承包合同为目标，对项目建设过程中所遵循的原则，办事方法、工作流程、实施标准及奖惩所做的规定，是符合国家及地方的法律法规要求规定的内部责任规章制度。

三、施工项目经理部的解体

施工项目经理部是受施工企业为了完成施工承包合同内容组建起来的临时组织，随着项目进展完成，以施工项目经理为组长的善后小组，在施工项目全部竣工验收合格签字之日起 15 日内提交解体申请报告，并处理项目债权债务、解聘项目组成员、处理剩余物资。

施工项目经理部
部门设置和设置规模

第三节 施工项目经理

一、施工项目经理的地位

施工项目经理全称是建筑施工企业项目经理，指的是受企业法人代表委托，对工程项目施工过程全面负责的项目管理者，是建筑施工企业法定代表人在工程项目上的代表人。

施工项目经理往往是一个施工项目施工方的总组织者、总协调者和总指挥，他所担任的管理任务不仅依靠所在的项目经理部的管理人员来完成，还依靠整个企业各个职能部门的指导、协助、配合和支持。项目经理不仅要考虑项目的利益，还应服从企业的整体利益。

2003 年 2 月 27 日《国务院关于取消第二批行政审批项目和改变一批行政审批项目管理方式的决定》（国发〔2003〕5 号）规定，取消建筑施工企业项目经理资质核准，由注册建造师代替，并设立过渡期。即从 2003 年 2 月 7 日起，大中型工程项目施工的项目经理必须由取得建造师注册证书的人员担任；但取得建造师注册证书的人员是否担任项目经理由企业自主决定。

建造师是一种专业人士的名称，而项目经理是一个工作岗位的名称。因此施工项目经理必须是注册建造师。

二、施工项目经理责任制

1. 施工项目经理责任制的概念

施工项目经理责任制是施工企业指定的，以施工项目经理为责任主体，确保施工项目管理目标实现的责任制度。施工项目经理从施工开始到竣工的整个过程中，进行全过程管理，在项目经理负责的前提下与企业签订项目管理目标责任书，实行成本核算，对质量、工期、成本、安全、文明等各项目标负责。

施工项目经理要贯彻实事求是的原则，保障施工企业和施工项目组员工利益，切实贯彻多劳多得的原则。

2. 施工项目经理责任制的作用

(1)建立和完善施工项目管理为基点的适应市场经济的责任管理机制。

(2)明确企业、员工之间的责任、权利、利益关系。

(3)利用经济手段、法律手段对项目进行规范化、科学化管理。

(4)强化风险意识，对施工项目管理目标全面负责，促使施工项目顺利进行。

三、施工项目经理的任务

施工项目经理的任务包括项目的行政管理和项目管理两个方面。其在项目管理方面的主要任务是：施工安全管理、施工成本管理、施工进度管理、施工质量管理、工程合同管理、工程信息管理、工程组织与协调等。

第四节　施工项目团队管理

一、施工项目团队特征

施工项目团队是由员工和管理层组成的一个共同体，合理地利用每一个成员的知识和技能协同工作，达到最大限度地完成施工合同内容的共同目标。在团队形成初期，施工项目经理根据工作任务的要求将员工集中起来，并在中间形成彼此的认同。这个认同的概念至关重要，它是形成组织凝聚力和增强合力的前提与条件。因此项目经理需要具备够用和对人进行管理的能力。

二、施工项目团队建设

施工项目团队建设应满足以下条件：

(1)围绕施工项目合同内容这一目标，组建和谐、高效的团队。建立团队协同的管理模式，确保信息沟通准确顺畅，为施工项目团队树立团队意识。

(2)制定合理的工作流程，完善的管理制度。

(3)注重管理绩效，发挥施工项目团队成员的优势和积极性，充分利用团队成员间协作的成果。

(4)施工项目经理通过表彰奖励、学习交流等多种方式和谐团队氛围，营造集体意识，充分调动团队成员的积极性，妥善处理冲突问题，提高团队效率。

三、施工项目团队协调与沟通

1. 施工项目团队组织协调

施工项目团队组织协调指的是使用一定的组织形式、组织手段和组织方法，对施工项目进行中产生的不畅关系进行疏通。

施工项目团队组织协调分为内部关系的协调和外部关系的协调，两者的目的都是排除障碍，解决矛盾。其基本内容包括人际关系协调、组织关系协调、供需关系协调、协作配合协调、约束关系协调。

2. 施工项目团队组织沟通

沟通在管理学科包含很多解释，即是人与人之间思想与情感的传递和反馈过程，也是工作中通过语言、文字、形态、眼神等手段进行信息交流。充分理解沟通的意义，准确把握沟通的原则，运用沟通的技巧对项目实施有着十分重要的意义。

沟通的主要作用主要体现在以下几个方面：

(1)良好的组织沟通，可以增强凝聚力，提高团队协作效率。

(2)在有效的沟通环境下，可以启发项目团队成员进行沟通、思考和探索，使用创新的方法完成项目目标。

(3)在项目例会中，业主方、监理方、施工方、设计方以及施工项目组织中各个部门间达成共识，更好地完成项目目标。

(4)更好地进行信息交流。施工项目参与方众多，涉及部门众多，很多问题是由于信息不畅导致的失误，良好的沟通可以使信息流畅地在利益相关方之间流通。

本章小结

建筑施工项目管理组织是建设工程项目组织内，为了完成施工项目，由从事管理工作的人和部门按照一定科学设计组织起来的临时性机构，以及该机构通过自身所具备的能力，合理配置项目实施所需要的人工、材料、机械，协调组织内外部的工作人员，确保项目实施过程中信息顺畅准确，实现建筑施工项目目标。建筑施工项目管理组织是完成建筑施工项目的机构及机构实施工作的总称。建筑施工项目能否顺利地实施，施工项目管理组织起着至关重要的作用。

1. 组织的两种含义分别是什么？
2. 施工项目经理与建造师的区别是什么？
3. 施工项目经理的任务是什么？
4. 施工项目经理部的作用是什么？
5. 简述传统施工项目管理模式与 BIM 技术的施工项目管理模式的区别。

思考与实践

1. 某住宅工程，建筑面积为 5502 m²，主体结构为砖混结构，基础类型为筏板基础，建筑檐高为 18.15 m，基底标高为－3.0 m，工期为 230 天。地下 1 层，地上 6 层。该建筑东、西、北三面均为原建住宅楼。

问题：

(1)该项目经理部应如何处理与劳务作业层之间的关系？

(2)试述事业部式项目组织的特征及适应范围。

(3)施工过程中，采取哪些措施避免施工噪声影响周围居民的正常生活休息？

2. 主体结构为砖混结构，基础类型为条形基础，建筑檐高为 18.75 m，地下 1 层为设备层，地上 6 层，工期为 290 天。承建方企业资质等级为施工专业承包企业，大中专毕业生占管理人员总数的 26%，技工、高级技工占员工总数 31%。缺乏大型工程施工的经验。

问题：

(1)施工项目管理组织机构设置原则有哪些？

(2)项目管理过程中，项目经理部中财务部的主要职责有哪些？

(3)施工过程中，项目经理部应与哪些公共关系协调？

(4)施工过程中，甲班组需向乙班组交接工作，请协助拟一份交接表。

第八章　建筑施工目标管理

内容提要

建筑施工目标管理指的是将建筑施工承包合同中的内容，作为目标来衡量，围绕目标展开施工活动。

本章内容主要包括建筑施工目标管理中的建筑施工进度控制、建筑施工成本管理、建筑施工质量管理、建筑施工安全管理、施工现场环境与健康管理。

知识目标

1. 掌握建筑施工目标管理内容。
2. 了解建筑施工目标管理体系框架。
3. 掌握基于 BIM 技术的施工项目管理目标方法。

能力目标

1. 具有建筑施工目标管理意识。
2. 掌握建筑施工项目目标管理体系。
3. 形成良好的安全思维意识。
4. 形成基于 BIM 技术的施工项目管理意识。

学习建议

1. 参观一个建筑施工项目经理部，增强对本章中概念的感性认识。
2. 参加一次建筑施工安全教育，增强建筑施工安全管理的认识。
3. 参加一次基于 BIM 技术的施工项目管理目标案例分享会，增强信息化管理意识。

第一节　建筑施工进度控制

一、建筑施工进度管理概念

建筑施工进度管理是指对施工项目工作内容、工作程序、工作时间、工作逻辑关系根据进度总目标及资源优化配置的原则进行管理。在进度计划实施过程中，对出现的偏差进行分析，采取一定的措施进行调整甚至修改原计划，对施工进度计划进行全面的和综合性的管理工作，确保工程建设顺利进行，将项目的计划工期控制在事先确定的目标工期范围之内，在兼顾费用、质量控制目标的同时，努力缩短建设工期。

二、建筑施工进度计划的编制

施工进度计划的目的是确定整个工程及各分项分部工程的开竣工日期、施工顺序及施工进度安排。制定施工总进度计划，按照先主体、后辅助，先重点、后一般的原则，来制定总工程的工期安排，保证工程能按期保质完工交付使用。住宅工程项目的施工进度计划的各分部分项工程进度计划的顺序为先地下、后地上，先主体、后围护，先土建、后安装，先结构、后装修。施工进度计划制定前先要统计工程的实物工程量、需用工日数、需用机械台班数等信息，它们是编制进度计划的内容，也是安排时间进度的部分依据。

我国施工企业编制进度计划最常用的方法是横道图法，此法在图表中用横线直观地表示各工序的时间进度的计划，便于检查，但它不易分清主要矛盾线与次要矛盾线，不易分清各工序间的联系和相互制约关系。这使得网络图开始用于编制施工计划。编制施工进度计划的依据来源于：经过审批的建筑总平面图，施工合同中规定的开竣工日期，有关的设计图纸，主要分部分项工程的施工方案，有关的预算文件、劳动定额等，现场施工条件及可能提供的工人数，资金及各种机械设备和材料的完备情况。

施工进度计划编制的步骤：

(1)根据工程项目的具体情况，将工程划分不同的分部工程。

(2)计算工程量，确定劳动和机械台班数量。

(3)确定各分部分项工程的开展顺序、起止时间、施工天数、安排进度及搭接关系。

(4)用横道图或网络图编制初始进度计划。

(5)对进度计划进行优化和调整。

(6)形成最终进度计划。

三、建筑施工进度计划的实施

施工进度计划确定后，关键还要在施工过程中实施好该进度计划，具体可从以下几个方面来保证进度计划的顺利实施：

(1)分工明确，责任到人。根据各细部工序的特点，将进度任务分配到相应的责任人，保证每个分部分项工程都有专人负责进度控制，施工单位在申报月、旬或周进度计划时，也同时汇报各责任人的进度实施情况，并建立一定的奖罚制度，对保质按时完成或提前完成的予以适当奖励，对延误进度的除采取补救措施外，还应对责任人就行为追究责任，予以处罚。

(2)定期检查进度计划的执行情况。监理工程师在施工过程中应定期检查进度计划的完成情况，估出实际完成的工程量，以百分率来表示完成计划的比例；并将已完成的百分率及时间与计划进行比较分析，发现问题，分析原因并找出解决对策，可根据实际情况对计划作相应的调整，以保证计划的时效性。可按"三循环滚动"的控制方法来对施工进度进行检查，即以周保月、以月保季、以季保年。

（3）建立及时反应的信息反馈系统。监理人员应做好进度计划的考核、工程进度动态信息反馈工作。施工单位项目部也可配备专业施工计划员，采用 Project 等电脑软件实施施工项目进度管理，以便及时准确地了解工程进度情况，实现每日一跟踪、每日一调整的实时动态管理，适时地对进度计划和人力及各种设备材料等资源进行调配，并通过工程例会将进度调整信息反馈至施工作业班组，同时提供给管理层，为领导决策和项目宏观管理协调提供依据。

（4）采用网络计划控制工程进度。用此法来制定计划和控制实施情况，可以有效抓住关键路径，能使工序安排紧凑，保证合理地分配和利用人力、财力、施工机械等资源。采用网络法的一个重点工作是确定本工程关键线路。用网络计划检查每项工程完成情况时，以不同颜色数字在网络图上记下实际的施工时间，以便与计划对照和检查。此外，应加强预控，尽量不发生工程变更或少变更，通过控制施工质量来减少现场的返工。

项目进度计划调整方法

四、BIM 技术进度管理优势

BIM 技术的引入，突破二维的限制，使用计算机技术将进度计划动态地展现出来，提前进行施工模拟。全面提升协同效率，基于 3D 的 BIM 沟通语言，简单易懂、可视化好，大大提高了沟通效率，减少了理解不一致的情况；基于互联网的 BIM 技术能够建立起强大的系统平台，所有参建单位在授权的情况下，不受时间、区域的限制获得项目最新、最准确、最完整的工程数据，从过去点对点信息传递变成一对多传递信息，提升效率。

在传统工程实施中，由于大量决策依据、数据不能及时完整地提交出来，决策被延迟，或者失策造成工期损失的现象非常多。BIM 形成的工程项目的多维度结构数据库，整理和分析数据几乎实时实现，解决了这一问题。基于 BIM 技术的项目进度管理流程图如图 8-1 所示。

五、BIM 技术进度管理具体应用

BIM 技术在项目进度管理中的应用体现在项目进行过程中的方方面面，下面仅以鲁班BIM 系统中的进度计划管理为例进行介绍。

把案例工程 A 土建模型输出 pds 格式文件并上传到鲁班 BIM 协同平台，通过鲁班进度计划软件(Luban Plan)将编制完成的施工进度计划文件导入到鲁班进度计划中，将模型与施工进度计划相关联，关联完成之后，可查看到基于时间进度的工程虚拟建造过程。图 8-2所示为案例工程 A 土建工程与施工进度计划关联的界面。

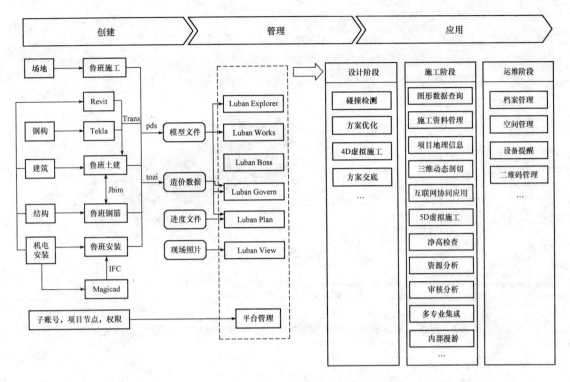

图 8-1 基于 BIM 技术的项目进度管理流程图

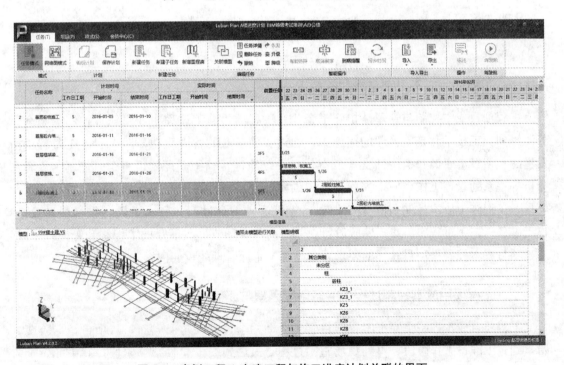

图 8-2 案例工程 A 土建工程与施工进度计划关联的界面

图 8-3 所示为案例工程 A 土建工程模型与施工进度计划关联后的 4D 施工模拟效果。

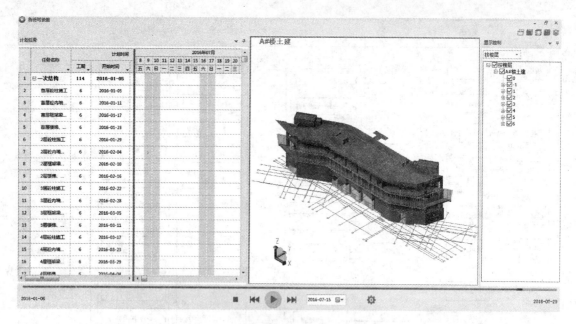

图 8-3　案例工程 A 土建工程模型与施工进度计划关联后的 4D 施工模拟效果

第二节　建筑施工成本管理

一、工程项目成本控制与管理的要求

工程项目成本控制与管理是指施工企业在工程项目施工过程中，将成本控制的观念充分渗透到施工技术和施工管理的措施中，通过实施有效的管理活动，对工程施工过程中所发生的一切经济资源和费用开支等成本信息系统地进行预测、计划、组织、控制、核算和分析等一系列管理工作，使工程项目施工的实际费用控制在预定的计划成本范围内。由此可见，工程施工成本控制贯穿于工程项目管理活动的全过程和各个方面，包括项目投标、施工准备、施工过程中、竣工验收阶段，其中的每个环节都离不开成本控制和管理。因此，工程项目成本控制是项目管理的要求，也是施工企业管理的重要内容。

二、工程项目成本控制过程中的各重要因素与环节

工程项目成本控制贯穿于工程项目管理活动的全过程和各个方面，从项目投标阶段开始，到施工准备工作阶段，再到现场施工过程，最后到竣工验收结算阶段，其中的每个阶段和环节都离不开成本控制和管理工作。一般来说，应在施工准备阶段、施工过程中、竣工验收阶段这三个阶段，结合工程项目成本控制过程中的各重要因素与环节，进行成本控制。

1. 施工准备阶段的成本控制

工程项目中标后，紧接着就应该做好成本计划，将其作为施工过程控制的依据，此阶段成本控制工作表现得更为具体和细化。在施工准备阶段，首先，必须编制科学合理的实施性施工组织设计，它是指导项目施工的主要依据；然后，结合当地的市场行情和工程自身的特点，合理确定项目目标责任成本，编制明确而具体的成本计划，并及时进行调整和修正，对项目成本进行事前控制。这样的目标成本计划，反映了施工企业的先进水平，用这种标准进行成本控制可以降低成本，提高效益。

2. 施工过程中的成本控制

施工过程中的成本控制是项目成本管理的重要组成部分，主要是各项费用的控制和成本分析。如果项目管理混乱、生产效率低下，那么再科学、合理的成本预算，项目的预期利润再丰厚也无任何意义。因此，在施工过程中，工程成本费用的控制是全面实现成本预算目标的根本保证。施工期间的成本控制要从影响成本的各重要因素着手，制定相应的措施，将实际发生的成本控制在目标计划成本内。

结合施工过程中成本控制的重要影响因素，应从以下几个方面着手对工程直接成本进行有效控制：

(1)材料成本控制：主要包括材料用量控制和材料价格控制。

(2)人工费控制：主要从用工数量方面加以控制。

(3)机械费控制：充分利用现有机械设备，合理进行配置，尽量避免设备资源闲置。

(4)管理费控制：尽可能实行一人多岗制，充分发挥个人潜能，从而降低管理成本。

3. 竣工验收阶段的成本控制

竣工验收阶段的成本控制工作，主要包含对工程验收过程中发生的费用和保修费用的控制以及工程尾款的回收。要办理工程结算及追加合同价款，做好成本的核算和分析，项目完工后，要及时进行总结和分析，并与调整的目标计划成本进行对比，找出差异并分析原因。在对项目进行全面总结评价的同时，施工企业根据工程项目成本控制过程的实际情况，注意总结成本节约的经验，吸取成本超支的教训，改进和完善决策水平，从而提高经济效益。

三、BIM 技术成本管理优势

基于 BIM 技术成本管理可以将 BIM 模型与进度管理相结合，革新现有的造价管理模式，结合 3D 模型的造价信息，能快速、精确、有效地对项目的施工过程进行精细化管理，直观地看到整个项目周期的成本、产值。使用云技术，使项目管理人员无论在何时何地都能对资金计划进行管控，实现在云端管理。

项目成本管理措施

四、BIM 技术成本管理具体应用

下面仅以鲁班 BIM 系统中的成本管理为例进行介绍。对案例工程 A 土建模型在鲁班土建软件中对构件套取清单定额（图 8-4），也可以利用软件中云功能下的自动套功能完成此操作，利用软件中做好的自动套模板对工程进行清单定额的套取，如图 8-5 所示。

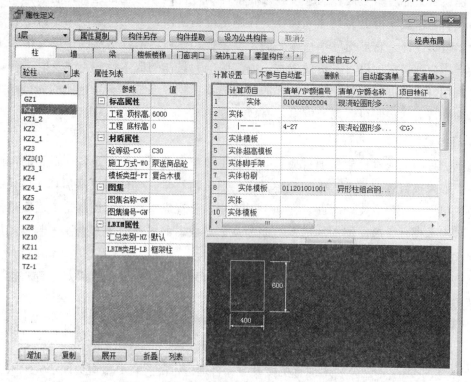

图 8-4　鲁班土建软件中对构件套取清单定额

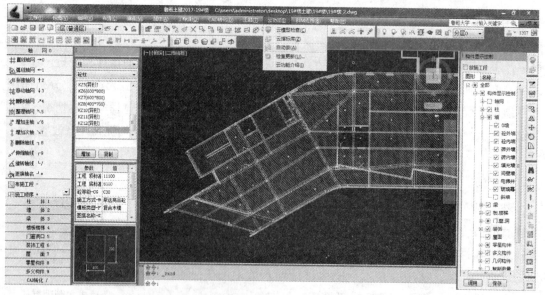

图 8-5　自动套模板对工程进行清单定额的套取

套取清单定额后进行工程量计算，即可完成鲁班土建 BIM 模型与清单和定额相关联的操作，单击"计算报表"查看工程的预算工程量。案例工程 A 土建清单工程量报表如图 8-6 所示。

汇总表 | 计算书 | 面积表 | 门窗表 | 房间表 | 构件表 | 量指标 | 实物量(云报表)

序号	项目编码	项目名称	计量单位	工程量	金额(元)		备注
					单价	合价	
		砌筑工程					
1	010304001010	小型空心砌块墙	10m³	75.932			
		混凝土、钢筋工程					
2	010402001003	现浇砼构造柱商砼C20	10m³	7.678			
3	010402001006	现浇砼矩形柱商砼C30	10m³	24.524			
4	010402002004	现浇砼圆形多边形柱商砼C30	10m³	6.344			
5	010403002004	现浇砼单梁连续梁商砼C30	10m³	67.152			
6	010403003004	现浇砼异形梁商砼C30	10m³	0.108			
7	010403004001	导墙	10m³	0.023			
8	010403004001	现浇砼圈梁商砼C20	10m³	1.600			
9	010403005003	现浇砼过梁商砼C20	10m³	0.220			
10	010404001015	现浇砼混凝土墙商砼C30	10m³	1.559			
11	010405003001	现浇砼平板商砼C20	10m³	7.299			
12	010405003004	现浇砼平板商砼C30	10m³	45.295			
13	010406001001	现浇砼整体楼梯直形商砼	10m³	16.077			
14	010407001020	压顶商砼C20	10m³	0.013			
		抹灰工程					
15	011001001043	墙面抹灰加钢丝网	100m²	37.519			
16	011001004001	楼梯底面粉刷	100m²	1.730			
		措施项目					
17	011201001001	单梁、连续梁组合钢模板木支撑	100m²	36.633			
18	011201001001	矩形柱组合钢模板木支撑	100m²	8.591			
19	011201001001	异形柱组合钢模板木支撑	100m²	5.149			
20	011201001049	矩形柱组合钢模板木支撑	100m²	15.654			
21	011201001058	柱支撑高度超过3.6m每增加1m木支撑	100m²	5.475			
22	011201001064	单梁、连续梁组合钢模板木支撑	100m²	10.762			
23	011201001067	过梁组合钢模板木支撑	100m²	0.258			
24	011201001071	TL+I异形梁木模板木支撑	100m²	0.000			
25	011201001072	圈梁直形组合钢模板木支撑	100m²	1.607			
26	011201001078	直形墙组合钢模板木支撑	100m²	1.562			

图 8-6 案例工程 A 土建清单工程量报表

第三节 建筑施工质量管理

一、施工质量管理的含义

施工质量管理有两个方面的含义：一是指项目施工单位的施工质量控制，包括施工总承包、分包单位，综合的和专业的施工质量控制；二是指广义的施工阶段项目质量控制，即除了施工单位质量控制外，还包括建设单位、设计单位、监理单位以及政府质量监督机构，在施工阶段对项目施工质量所实施的监督管理和控制职能。在这里以施工质量控制展开介绍。管理者应全面掌握质量控制的目标、依据与基本环节，以及施工质量计划的编制生产要素、施工准备工作和施工作业过程的质量控制方法。

施工质量要达到的最基本的要求是：通过施工形成的项目工程实体质量经检查验收合

格。施工质量在合格的前提下，还应符合施工成本合同约定的要求。

施工质量控制应该贯彻全面、全员、全过程的管理思想，运用动态控制原理；进行质量的事前控制、事中控制和事后控制。

二、施工质量管理的实施原则

(1)强化质量意识，全面提高质量管理水平。施工项目经理应树立一个良好的质量意识。因为质量意识是保证建筑工程整体质量的基本条件，同时，也是搞好建筑工程质量管理重要的一项。建筑工程质量涉及多个方面，是一个由多部分、多层次、多因素组合的整体，因此，必须从筹建协调到具体施工全过程都采取行之有效的控制手段和措施，从而保证建筑工程质量。

(2)建立健全建筑工程质量管理法规，以使各项工作有法可依。建筑工程质量管理方面需要一定的法律法规和规章制度加以规范。加强制定法规部门的权力，扩大他们的管理范围，尽快地制定有关建筑工程质量的权威性法规。

(3)提高建筑工程施工监理的信息管理水平。建立和完善工程质量领导负责制信息源，加强领导实行质量终身责任制。加强对施工质量管理监督横向信息平台的搭建。监督过程中一旦发现违法违规行为，要依法严肃处理，切实做到违法必究、执法必严。建立此类信息接收平台及互换信息模块，建立质量监督管理信息数据库。

三、BIM 技术质量管理优势

建筑业是消耗地球资源最严重的产业之一，而高达 57％的浪费使得低碳经济时代建筑业的压力骤增，而 BIM 就是新时代的利器。美国斯坦福大学整合设施工程中心在总结 BIM 技术价值时发现，使用 BIM 技术可以消除 40％的预算外变更，通过及早发现和解决冲突可降低 10％合同价格。消除变更与返工的主要工具就是 BIM 的碰撞检查。如图 8-7 所示，2010 年的《中国商业地产 BIM 应用研究报告》

影响建筑施工
质量管理的因素

通过调查问卷发现，77％的企业在设计阶段遭遇因图纸不清或混乱而造成项目或投资损失，其中有 10％的企业认为该损失可达项目建造投资的 10％以上；45％的施工企业遭遇过招标图纸中存在重大错误，改正成本超过 100 万元。

四、BIM 技术质量管理具体应用

1. 单专业碰撞检查

单专业综合碰撞检查相对简单，只在单一专业内查找碰撞，一般图纸在某一专业内的碰撞错误较少，碰撞检查主要检查设计图纸中的错误以及翻模过程中出现的错误，设计者将某一专业模型导入集成应用平台，直接进行分析即可。如图 8-8 所示的建筑工程中检查出格构柱与主体碰撞，格构柱的位置与主体结构有冲突，故应该在施工前对格构柱重新定位，以保证工程顺畅地施工下去。

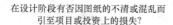

在设计阶段有否因图纸的不清或混乱而
引至项目或投资上的损失?

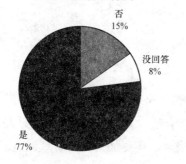

否
15%

没回答
8%

是
77%

在过去的项目中, 是否有招标图纸中存在重
大错误 (改正成本超过100万元人民币) 的情况?

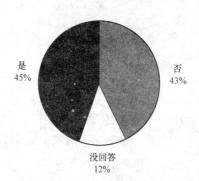

是
45%

否
43%

没回答
12%

图 8-7　2010 年《中国商业地产 BIM 应用研究报告》中的两项调查

(a)

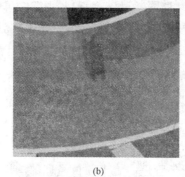

(b)

(c)

图 8-8　建筑工程中检查出格构柱与主体碰撞

(a)格构柱与楼梯；(b)格构柱与坡道；(c)格构柱与框架梁

2. 基于 BIM 模型的碰撞检查

基于 BIM 模型的碰撞检查是将建筑建模软件和安装建模软件建立 BIM 模型，通过碰撞检查系统整合各专业模型并自动查找出模型中的碰撞点，由专业技术人员对碰撞点反应的问题核查确认，针对不同情况输出碰撞检查报告。其主要工作分为如图 8-9 所示的三个阶段。

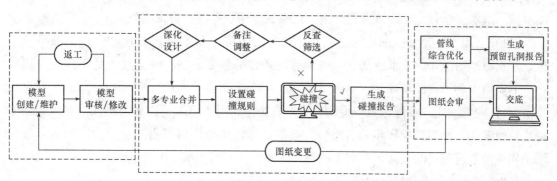

图 8-9　基于 BIM 的碰撞检查流程图

第四节　建筑施工安全管理

一、建筑施工安全管理概念

建筑施工安全管理是一个系统性、科学性的管理，建筑施工的各个阶段都需要贯彻施工安全管理。必须坚持"安全第一，预防为主，综合治理"的管理理念。制定好安全管理体系、安全管理计划、安全管理措施、安全管理应急措施，还要加强安全管理教育。

建筑施工安全管理的基本要求：

(1)所有新员工必须经过三级安全教育。

(2)特殊工种作业人员必须持有特种作业操作证，并严格按规定定期进行复查。

(3)施工机械(特别是现场安设的起重设备等)必须经安全检查合格后方可使用。

(4)必须把好安全生产"六关"，即措施关、交底关、教育关、防护关、检查关、改进关。

(5)对查出的安全隐患要做到"五定"，即定整改责任人、定整改措施、定整改完成时间、定整改完成人、定整改验收人。

二、建筑施工安全管理措施

(1)落实安全责任、实施责任管理。施工项目经理部承担控制、管理施工生产进度、成本、质量、安全等目标的责任。因此，必须同时承担进行安全管理、实现安全生产的责任。建立、完善以项目经理为首的安全生产领导组织，有组织、有领导地开展安全管理活动。承担组织、领导安全生产的责任。建立各级人员安全生产责任制度，明确各级人员的安全责任。抓制度落实、抓责任落实，定期检查安全责任落实情况，及时报告。

(2)安全教育与训练。进行安全教育与训练，能增强人的安全生产意识，提高安全生产知识，有效地防止人的不安全行为，减少人为失误。安全教育与训练是进行人的行为控制的重要方法和手段。因此，进行安全教育与训练要适时、宜人，内容合理、方式多样，形成制度。组织安全教育，训练做到严肃、严格、严密、严谨，讲求实效。

(3)安全检查。安全检查是发现不安全行为和不安全状态的重要途径，是消除事故隐患，落实整改措施，防止事故伤害，改善劳动条件的重要方法。安全检查的形式有普遍检查、专业检查和季节性检查。

(4)作业标准化。在操作者产生的不安全行为中，由于不知道正确的操作方法、为了干得快些而省略了必要的操作步骤、坚持自己的操作习惯等原因所占比例很大。因此，按科学的作业标准规范人的行为，有利于控制人的不安全行为，减少人为失误。

(5)生产技术与安全技术的统一。生产技术工作是通过完善生产工艺过程、完备生产设备、规范工艺操作，来发挥技术的作用，以保证生产顺利进行的。其包含了安全技术在保证生产顺利进行的全部职能和作用。两者的实施目标虽各有侧重，但工作目的完全统一在保证生产顺利进行、实现效益这一共同的基点上。生产技术、安全技术统一，体现了安全生产责任制的落实，具体地落实"管生产同时管安全"的管理原则。

三、BIM 技术安全管理优势

基于 BIM 的管理模式是创建信息、管理信息、共享信息的数字化方式，基于 BIM 的项目管理，工程基础数据如量、价等，数据准确、数据透明、数据共享，能完全实现短周期、全过程对资金风险以及盈利目标的控制；可以提供施工合同、支付凭证、施工变更等工程附件管理，并为成本测算、招标投标、签证管理、支付等全过程造价进行管理；BIM 数据模型保证了各项目的数据动态调整，可以方便统计，追溯各个项目的现金流和资金状况；基于 BIM 的 4D 虚拟建造技术能提前发现在施工阶段可能出现的问题，并逐一修改，提前制定应对措施。

四、BIM 技术安全管理具体体现

以在鲁班 BIM 浏览器客户端中对案例工程 A 进行施工与监理信息录入为例。施工与监理信息一般在 BIM 浏览器的协同及资料管理模块进行，现场相关人员在现场记录、发布文件、旁站监理、平行检测过程中，需要录入审查实体设备、构配件的质量过程中或在隐蔽工程隐蔽之前，通过鲁班 BIM 系统的移动端应用（BIM View），加入监理审核信息、平行检验结果、隐蔽工程检验报告等信息通过手机应用端拍照将照片上传至本项目在系统平台的BIM 模型上。上传过程中照片存放位置可以选择楼层、轴线、标签、描述等，还可以通过语音描述问题。项目结束图片及文档资料作为竣工模型中的监理资料，如图 8-10 所示。

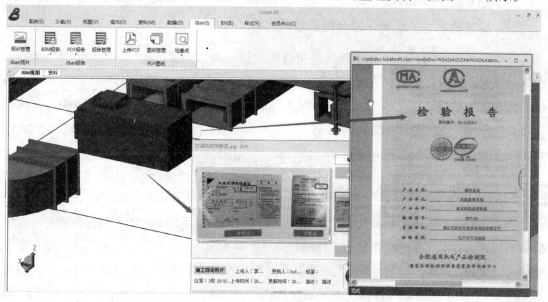

图 8-10　BIM 模型与安全信息管理

第五节 施工现场环境与健康管理

一、施工现场环境与健康管理概念

施工现场环境与健康管理作为建筑施工项目目标管理的一部分，为了保证劳动者在劳动生产过程中的健康安全并保护人类的生存环境，必须加强职业健康安全与环境管理。

施工现场环境管理是指施工现场文明施工，即施工现场的作业环境良好、卫生环境符合要求，还能满足办公秩序。另外，还包括减少对周围居民和环境的影响和确保员工的安全和身心健康。

文明施工可以适应现代化企业的客观要求，有利于员工身心健康，有利于培养和提高施工队伍的整体素质，促进企业综合管理水平的提高，提高企业的知名度和市场竞争力。

二、施工现场环境与健康管理措施

(1)确立项目经理为现场文明施工第一责任人，以各专业工程师、施工质量、安全、材料、保卫等现场项目经理部人员为成员的施工现场文明管理组织，共同负责本工程现场文明施工工作。

(2)将文明施工工作考核列入经济责任制，建立定期的检查制度，实行自检、互检、交接检制度，建立奖惩制度，开展文明施工立功竞赛，加强文明施工教育培训。

施工现场环境与
健康管理方法

三、BIM 技术施工现场环境与健康管理优势

在项目建设前期，BIM 技术将场地布置提前进行模拟布置，优化场地布置，模拟大型机械进场，达到合理利用场地，避免由于场地狭小而导致大型机械无法顺利进场的情况。在项目实施过程中，随着项目动态的进行，施工现场用地、材料加工区、材料堆放场地也随之变化而调整，达到提前预警，并减少由于二维平面表达不清晰产生的施工场地布置不当。

四、BIM 技术安全管理具体体现

以在鲁班施工三维场地布置软件中建立案例工程 A 的场地模型为例，通过鲁班施工三维场地布置软件完成案例工程 A 的施工场地布置三维模型，为施工前和施工不同阶段场地布置提供可视化的方案比选；为材料的进出场、堆放提前设计方案以减少二次搬运等，大大提高施工场地的利用率。需要在施工三维场地布置软件中完善的内容包括围墙、大门、道路、加工棚、办公区、生活区，周边环境等。图 8-11 所示为案例工程 A 施工场地布置模型。

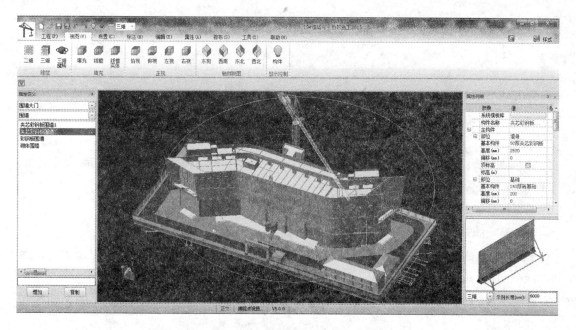

图 8-11　案例工程 A 施工场地布置模型

复习思考题

1. 简述施工进度计划编制的步骤。
2. 简述施工项目安全管理的措施。
3. 简述施工质量管理的实施原则。
4. 简述基于 BIM 技术安全管理的优势。

思考与实践

参观一个已建项目或在建项目，简述以下内容：

(1) 建筑工程项目管理的主体包括哪些？各方项目管理的目标和任务是什么？

(2) 建筑工程项目组织形式及机构图。

参 考 文 献

[1]翟丽旻，姚玉娟，王亮．建筑施工组织与管理[M].2版．北京：北京大学出版社，2013.

[2]王春梅．建筑施工组织与管理[M].北京：清华大学出版社，2014.

[3]王建茹，阎玮斌．施工组织设计与进度管理[M].北京：机械工业出版社，2017.

[4]王红梅，孙晶晶，张晓丽．建筑工程施工组织与管理[M].成都：西南交通大学出版社，2016.

[5]贾宝平，刘良林，卢青．建筑工程施工组织与管理[M].西安：西安交通大学出版社，2011.

[6]重庆大学，同济大学，哈尔滨工业大学．土木工程施工（上册）[M].北京：中国建筑工业出版社，2008.

[7]徐悦．建筑施工组织[M].北京：机械工业出版社，2005.

[8]蔡雪峰．建筑施工组织[M].3版．武汉：武汉理工大学出版社，2008.

[9]钱昆润，葛筠圃，张星．建筑施工组织设计[M].南京：东南大学出版社，2004.

[10]余群舟，刘元珍．建筑工程施工组织与管理[M].北京：北京大学出版社，2006.

[11]邓寿昌，李晓目．土木工程施工[M].北京：北京大学出版社，2006.

[12]全国一级建造师执业资格考试用书编写委员会．建设工程项目管理[M].北京：中国建筑工业出版社，2017.

[13]杨晓林，李忠富．施工项目管理[M].北京：中国建筑工业出版社，2015.

[14]刘占省，赵雪锋．BIM 技术与施工项目管理[M].北京：中国电力出版社，2015.

[15]王婷，肖莉萍．国内外 BIM 标准综述与探讨[J].建筑经济，2014(05)：108－111.

[16]刘海明．建设工程新技术及应用[M].南京：江苏科学技术出版社，2016.